JN262255

無線機と一緒にフィールドへ飛びだそう！

移動運用で楽しむアマチュア無線

★★★★★★★★★★★★ CQ ham radio編集部［編］ ★★★★★★★★★★★★

CQ出版社

アクティブ・ハムライフ・シリーズ

はじめに

　本書は，「多くの方に気軽に移動運用を楽しんでもらいたい」ということを伝えたいとの思いから企画しました．移動運用のいろいろな楽しみ方を紹介しているので，参考にしていただければ幸いです．

　移動運用はハンディ機1台のお手軽な設備でも十分楽しめます．もちろん，本格的な設備を持ち込んで，バリバリ楽しむのもいいでしょう．楽しむレベルは人それぞれ，目的とご自身の設備や環境に合わせた移動運用の方法を，本書から選んでいただけると思います．

　さらに本書では，移動運用に役立つ いろいろなアイディアを紹介しています．皆さんの移動運用がより一層楽しくなると思うので，ぜひ取り入れてみてください．

　移動運用の楽しさは，電波を出して交信するだけではないと思います．せっかく景色のいいところに出かけたのだから，いろんなことも楽しんでみませんか．ご家族の皆さんと一緒に出かけて，パパは無線，子どもたちは虫取り，ママはハーブ探し，そしてお昼ご飯はみんなでわいわいアウトドア・クッキングを楽しむなど…．移動運用が，無線を含めた一つのレジャーとなれば最高だと思います．

　「また移動運用に行きたいね」

　家族の皆さんにそう思ってもらえるような移動運用を目指してみてはいかがでしょうか．

　ぜひこの本を手に，移動運用に出かけてみてください．きっと新しい楽しみ方が見つかって，アマチュア無線の楽しさをさらに広げてくれることでしょう．

2011年8月　CQ ham radio 編集部

謝　辞

　本書の編集にあたり，たくさんの方にご執筆，ご協力をいただきました．ありがとうございました．多くの方のご協力を得ることで，バリーション豊かな記事を本書に収めることができました．

　これまでにない視点での本作りであったため，編集作業に多くの戸惑いや悩みがありましたが，皆様のご協力が大きな励みになりました．また，タイトなスケジュールにもかかわらず，ご執筆をいただきました筆者の皆様に心より感謝しております．

　このたび，皆様とともに本書を発刊できたことがなによりうれしく思います．これからも皆様および読者の方々とともに永くアマチュア無線を楽しんでいきたいと思います．

CQ ham radio 編集部　編集担当 JA1CCN 沖田 康紀

■ 本書をご執筆いただいた皆さん

JA1FLG　小野 眞裕さん	JR1DTN　佐藤　哲さん	JL3LSF　田中 豊広さん
JI1JRE　武藤 初美さん	7M3CBF　川島 増若さん	JR3QHQ　田中　透さん
JI1SAI　千野 誠司さん	7N1SFT　岩井 壯夫さん	JS3OMH　倉田　健さん
JJ1JWE　神戸　稔さん	7N4BGU　菊地 真澄さん	7J3AOZ　白原 浩志さん
JO1PQT　蔵内 純孝さん	JI3DST　舟木 武史さん	JA7FVA　広野 孝光さん
JR1CCP　長塚　清さん	JL3JRY　屋田 純喜さん	JA8CCL　木下 重博さん

■ Special Thanks

JA1UGZ　宮本 弘一さん	JG1GNK　川島 千鶴さん	天寺 純香さん
JF1GUP　横沢 一男さん	JG1IBQ　川島 瑞稀さん	（コールサイン順）

無線機を持ってフィールドへ飛び出そう！
移動運用で楽しむアマチュア無線
Contents

8	**Chapter 01**	**電車や飛行機とレンタカーを活用して日本各地で移動運用を楽しもう！**

8	1-1	移動運用に出かけて全国の人と交信する！
11	1-2	運用をする場所探し
14	1-3	移動運用に行くならこの時期
17	1-4	現地での運用を楽しもう！　でもその前に…
20	1-5	やっぱり楽しい！　移動運用

10	Column 1-1	ハムの持ち物は怪しいものばかり　空港での係員の質問には正直に
15	Column 1-2	季節と場所でこんなに違う　日本にも時差があります!?
16	Column 1-3	心に残る QSO その 1　ドシャ降りの釧路湿原で受けたパイルアップ
17	Column 1-4	移動運用の小さな敵に注意　目的地に着いたら車の中で 10 分待機！
19	Column 1-5	心に残る QSO その 2　屋久島移動で JD1（南鳥島）と QSO
19	Column 1-6	やっぱりすごい！　1 エリアに行こう！
21	Column 1-7	忘れんぼうのための　移動運用持ち物リスト

22	**Chapter 02**	**無線機と一緒に外へ出よう　いろいろな移動運用の楽しみ方**

22	2-1	おでかけのお供にハンディ機を連れて
25	2-2	家族で楽しむ移動運用
27	2-3	みんなで楽しむ移動運用
29	2-4	お手軽な HF 運用
30	2-5	レジャー！ 出張？ ホテルの宿泊にはハンディ機をお忘れなく
32	2-6	離島運用の楽しさ
34	2-7	移動運用で楽しむ DX
37	2-8	移動運用で SSTV を楽しみましょう

25	Column 2-1	悪い虫にご注意　虫刺されの予防と対処法
39	Column 2-2	お世話になったらお礼状を出そう

40　Chapter 03　移動運用に役立つ電波伝搬の豆知識

40	3-1	移動運用の電波伝搬
42	3-2	異常伝搬
43	3-3	楽しめるバンドの選び方と運用方法
47	3-4	大自然の変化を感じてみてください

46	Column 3-1	コンディションに恵まれたタイミング　コンパクト・アンテナとQRPでDX
47	Column 3-2	あまりの遠距離に思わず絶句した交信

48　Chapter 04　使い方は人それぞれ
　　　　　　　　　　移動運用を楽しむためのアンテナ選び

48	4-1	移動運用に使うアンテナの選択ポイント
56	4-2	Super Antennas MP-1 の使い方
60	4-3	多バンド切り替え式ギボシ・ダイポール
62	4-4	移動運用で 1.8/1.9MHz を楽しむために
64	4-5	自動車を利用してアンテナを立てる
66	4-6	どれを使えばいい？　いろいろな長さのハンディ機用アンテナ
68	4-7	釣り竿ホイップで QRV
69	4-8	欲しいと思ったそのときに「とりあえずアンテナ」を作ってみました
74	4-9	移動運用に外部設置型オート・アンテナ・チューナを活用する
77	4-10	針金で作った超簡単アンテナ

79	Column 4-1	友達の友達はみんな友達!!
79	Column 4-2	UFO か？

80　Chapter 05　状況に合わせた方法を選ぶ
　　　　　　　　　　アンテナの立て方いろいろ

80	5-1	移動用アンテナ・マストの特徴と活用方法について

82	5-2	移動用アンテナとポール設置アラカルト
85	5-3	平らな地面に一人で立てる　移動運用でのアンテナ・ポールの立て方
89	5-4	ポールのアイディアいろいろ
93	5-5	ロープ結びを覚えよう
95	Column 5-1	コード・スライダーの使い方
95	Column 5-2	移動運用の相手は？　夏の夜の話

96　Chapter 06　電波の源　電源を準備しよう

96	6-1	移動運用に使う電源いろいろ
99	6-2	クルマの便利な使い方　電源を確保する
103	6-3	クルマから電源を取るときのアイディア集
105	6-4	自動車用ノイズ・フィルタの装着

106　Chapter 07　もっと移動運用を楽しむために便利なアイディアを教えます

106	7-1	移動運用時のログ技いろいろ
107	7-2	機材のコンパクトなまとめ方
109	7-3	一番手軽な情報源を活用　移動運用のときはNHK第1放送を聞こう！
111	7-4	移動運用中の看板を出す
112	7-5	移動運用のP・D・C・A（Plan・Do・Check・Action）を回そう！
113	7-6	アンテナ引き出し同軸ケーブルと分割同軸ケーブル
114	7-7	変換コネクタと変換ケーブル
115	7-8	移動運用専用車の工夫
120	7-9	自動車の暑さ対策
121	7-10	車内で使うテーブル2題
123	7-11	アワードにおける移動運用について
123	7-12	スムーズなオペレートで次々と交信！　これが呼ばれる運用テクニック！
126	7-13	移動運用時に身を守るための心がまえ
127	7-14	あれば便利な小物集
129	Column 7-1	夜明けとともに

130	**Chapter 08　移動運用におけるパーソナル・コンピュータやスマートホンの活用**
130	8-1　PCやスマートホンの活用
130	8-2　PCを活用して移動運用を計画する
137	8-3　移動運用でのPCの利用
145	8-4　移動運用における「スマートホン」の利用
149	8-5　PCやスマートホンの活用で楽しい移動運用を！

150	**Chapter 09　楽しさをさらに広げる　移動地でのいろいろなアクティビティー**
150	9-1　QSLカードに使う写真を撮ろう
152	9-2　無線と一緒に楽しみませんか！ 移動先でアウトドア・クッキング
154	9-3　ブルー・シートで快適なテント宿泊
152	Column 9-1　昔のQSLカード
154	Column 9-2　料理の神様　高家神社（たかべじんじゃ）

156	**Chapter 10　イザというときのために！ アウトドアの救急法**
156	10-1　イザというときのために
156	10-2　腕の骨折
157	10-3　足首の捻挫
157	10-4　腕の止血
158	10-5　熱中症への予防と対処
159	10-6　心肺蘇生法（2010年新ガイドラインに基づく）
161	10-7　救急箱の準備を
160	Column10-1　過信は絶対ダメ！ 調子が悪いなぁと思ったら勇気を持って中止する
162	Index

Chapter 01

電車や飛行機とレンタカーを活用して日本各地で移動運用を楽しもう！

1-1 移動運用に出かけて全国の人と交信する！

　私は，電車や飛行機を使って日本各地に出掛け，現地でレンタカーを借りるという方法で移動運用を楽しんでいます．

　常置場所が集合住宅のため何かと制約が多く，V/UHF 帯はともかく，HF 帯では思うような運用がなかなかできません．現在のコールサインを開局したときから「全国の人たちと交信をして各地の QSL カードを集めたい」という思いがあり，それを実現する方法をいろいろ考えているうちに「電波が飛ばないなら，こちらから日本各地に出掛けてしまおう！」「どうせやるなら青森から沖縄までの全都府県と北海道の 14 支庁（現在の振興局）を制覇しよう！」と思ったのがこの移動運用スタイルになったきっかけです．

　もともと旅行好きだったということもありますが，普通なら家の近くの場所で HF 帯の移動運用を楽しめばいいものを，今思えば，とんでもないことを考えてしまったものです．

■ 運用するバンド

　移動先の地元の方々と交信するのが当初の目的だったので，運用するバンドも最初のうちは 50/144/430MHz 帯の SSB や FM が中心でした．

　ところが地方によっては 144MHz 帯の FM でさえ，CQ を出しても応答がないところがあり，せっかく交通費をかけて移動をしても一局も交信できないこともありました．そこで，途中から HF 帯（7/21/28MHz 帯）での運用も行うようになり，現在では 7～430MHz 帯での各バンドで運用するようになりました．

■ 装備について

　自宅から車で出掛ける場合と異なり，電車や飛行機を使うので，手荷物をできるだけコンパクトにまとめる必要があります．

　私が移動運用で持参する装備は次のとおりです．

- 無線機（HF～430MHz 帯をカバーするオールモードの小型モービル機，マイクを含む）
- 無線機の取扱説明書（いざというときに役に立つ）
- シガー・プラグ付き電源コード
- 両耳イヤホン（無線機につないで使う）
- 144/430MHz 帯ノンラジアル・ホイップ・アンテナ（長さ 1.5m ぐらい）
- 50MHz 帯ノンラジアル・ホイップ・アンテナ（長さ 2m ぐらい）

Chapter 01 電車や飛行機とレンタカーを活用して日本各地で移動運用を楽しもう!

- 7/21/28MHz帯のモノバンド・ホイップ・アンテナ（長さ2mぐらい）
- アンテナを取り付けるウィンドウ基台
- HF帯アンテナ用のアース・プレートと固定用のマグネット
- ログ帳と筆記用具2～3本（パソコンは荷物になるので持っていかない）
- アマチュア無線の免許証と免許状（無線機に証票を貼っていても免許状を持参したほうがいい）
- JARL NEWS（コンテスト規約を確認できるように）
- 今年のハム手帳（CQ ham radio 1月号の付録）
- 車の予備ヒューズ（借りる車種にあったもの）
- 小型GPS受信機（高度や緯度経度を測定できるもの）
- そのほかに，着替えや傘，道路地図，ドライバーなどの最小限の工具など

アンテナ類は長さ125cmの釣り竿ケースに入れ，そのほかはキャリー・バッグに収納します（**写真1-1**，**写真1-2**）．手荷物を少なくするため，アンテナ類はゲインのある長めのホイップ系に統一しています．マルチバンドに対応したアンテナにすれば本数を減らすことができますが，私はほとんど調整のいらないモノバンドのアンテナを中心に愛用しています．

■ アンテナの取り付け

レンタカーにホイップ・アンテナを取り付けるために，市販のウィンドウ基台を使用しています（**写真1-3**）．マグネット基台でもよいのですが，電車や飛行機で強力なマグネットを持ち歩くのは，いささか抵抗があったのでやめました．

ウィンドウ基台に長さが2mほどのホイップ・アンテナを取り付けることになりますが，強度的には弱いのでアンテナを付けたままの走行は厳禁です．また，強風の際の利用も避けます．借り物の車にキズをつけるようなことがないよう，また周囲に迷惑をかけないよう安全面には十分注意を払う必要があります．

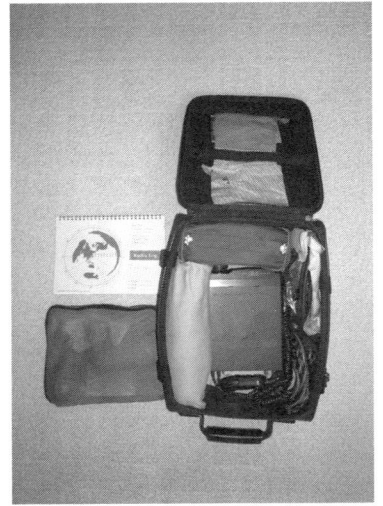

写真1-1　釣り竿ケースとキャリー・バッグ

写真1-2　キャリー・バッグの中身

写真1-3　ウィンドウ基台

50MHz帯以上はノンラジアル・タイプのアンテナなのでアースの心配はいりませんが，7〜28MHz帯ではアースを確保しないとマッチングがとれません．

そこで，縦30cm×横10cmの薄いアルミ板を車の屋根に載せ，それをM型コネクタのシールド側に接続することでアースを確保しています（**写真1-4**）．アルミ板は小さいマグネットで固定します．現在では，同様な機能をもったマグネトアース・シートが市販されていますが，私はそれが発売される前から，このアルミ板式のアースを利用しています．

■ 電源の確保

私の場合，使用している無線機がYAESUのFT-100S（すでに生産完了）です．無線のライセンスも4アマ（昔の電話級の時代に取得）なので，出力もHFで10W，V/UHFでも20Wと，50Wのリグに比べれば消費電流も少ないため，電源も車のバッテリから直接取らずにシガー・ソ

写真1-4　アルミ板式のアース・プレートをつけた状態

Column 1-1　ハムの持ち物は怪しいものばかり 空港での係員の質問には正直に

5月から8月にかけては，50MHz帯や21MHz帯の国内QSOが特に楽しめる時期です．この時期に6エリアや8エリアで移動運用をすると，コンディションが良いと全国からのパイルアップを浴びられます．その楽しさは，一度経験してしまうと忘れることができません．1エリアから6エリアや8エリアに移動するときに飛行機を利用しますが，飛行機で荷物を運ぶときは少し注意が必要です．

私はキャスターがついた小型のキャリー・バッグに愛機のFT-100Sやウィンドウ基台，電源コード，着替えや小物などを入れ，アンテナは肩掛けの釣り竿ケースに入れて，いずれも預け荷物にしています．

羽田空港では，荷物を預けた後に中でX線検査をしているようですが，ほとんどの空港では従来のように検査を受けてから預けるようになっています．ハムの持ち物は一般の人から見ると怪しいものばかりです．普段見慣れない怪しい影（?）がモニタに映ると「中には何が入っていますか」と係員に聞かれます．特に乗客の少ない地方空港でよく聞かれます．こんなときは，ウソをつかないで正直に答えることがスムーズな手続きをするポイントになります．

例えば，アンテナの入った釣竿ケースはたいていの場合「釣り竿ですか？」と聞かれます．その場合，「はい」と言ったほうが面倒でないように思えますが，必ず「アンテナです」と答えるようにしています．また，携帯電話やパソコンのように本体に標準で実装されているバッテリはよいようですが，シール・バッテリなどのバッテリ単体は飛行機に積めません．飛行機を利用する場合は，係員の指示に従って法律を守った安全な行動を心がけましょう．　　　7N4BGU

※上記は筆者の経験談を紹介したもので，手荷物の運搬方法を保証するものではなく，また何ら責任を負うこともできません．必ず法律を遵守した安全な行動を各自の責任のもとで行ってください（預け荷物の損害についても同様です）．

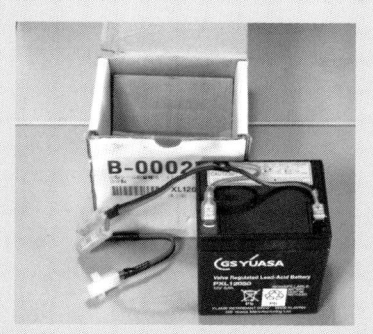

移動運用でよく使う小型シール・バッテリは便利だが飛行機に積むことはできない．ご注意を！

Chapter 01　電車や飛行機とレンタカーを活用して日本各地で移動運用を楽しもう！

写真1-5　電源はシガー・ソケットから

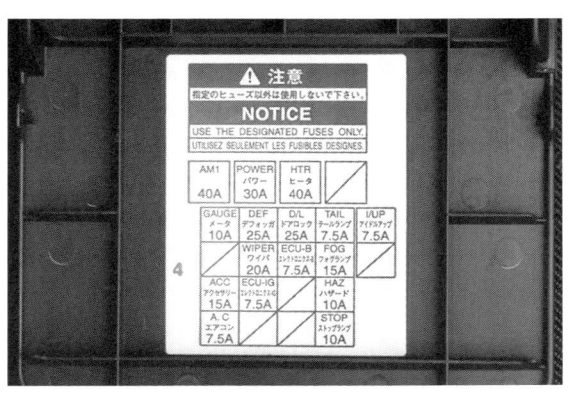

写真1-6　車のヒューズの容量と形状は必ず確認

ケットから取っています（**写真1-5**）．

とは言え，SSBでの運用ではほとんど問題ないものの，V/UHF帯のFM（20W）では10Aを超える電流が流れるので，出力を10W程度に落としたほうが無難なようです．もちろん，運用中は車のエンジンをかけてバッテリ上がりを防ぐようにします．使用する無線機や車種によっては，トラブルを起こす可能性もあるので，十分な注意が必要です．ハンディ機程度であればシガー・ソケットでも安心して使えるでしょう．

また万一のために，利用している車種にあわせた予備のヒューズ・セットは必ず用意するように

します（実際にヒューズが飛んだ経験はありませんが）．国産車なら，運転席の右下にヒューズ・ボックスが設置されていることが多いようです（**写真1-6**）．その点でも，借りる車種はどこに行っても統一しておいたほうが便利です．

最近のレンタカーには禁煙車の設定もありますが，禁煙車にはシガー・ソケットが装備されていない場合があります．愛煙家以外の方も，喫煙車を指定するほうがよいでしょう．

ちなみに私は，ハイブリッド・カーや電気自動車での運用経験はありませんが，車のバッテリへの影響が大きくリスクが高いので避けています．

1-2　運用をする場所探し

出掛ける方面を決めたら，具体的にどこで移動運用をするのかを事前に調べます．行き当たりばったりでもよいのですが，現地に行ってからの時間ロスを減らして，少しでも交信を楽しむ時間が多く取れるようにするためにも，予習をしていったほうが効率的です．

私は見知らぬ場所での運用地を，次のような方法で探しています．

■ 1/20万の全国道路地図でおおよその目安をつける

例えばV/UHFの運用をするなら，標高が高くてロケーションが良く，しかも車で行ける場所が

どの辺にあるのか，HF帯での運用なら湖畔や海岸で良い場所がないかを市販の道路地図帳で調べます．

　広い範囲を見渡して良い場所を探すには，インターネットの地図サイトよりも地図帳のほうが探しやすいようです．ある程度，場所が絞られてきたら地図サイトで詳しく見ていくなど使い分けるといいでしょう．

■ **インターネットで情報を集める**

　GoogleやYahooなどの検索サイトを使って，道路地図で見つけた場所の名前と「移動運用」という単語のアンド検索を行います．例えば［○○山　移動運用］（○○山と移動運用の間にスペースを入れる）と，検索サイトの検索ウィンドウに入力します．

　そうすると，実際にその場所で移動運用の経験がある方のWebサイトやブログを見つけることができるので，写真やコメントを見て移動運用をする場所としてふさわしいか，電波は飛びそうか，トイレはあるか，などの情報を得ます．

　また，［○○県　移動運用］といったキーワードで検索すると，道路地図では見つけられなかったFBなポイントの情報を見つけることもよくあります．

■ **カシミール3Dで標高やロケーションを確認する**

　カシミール3Dは，3次元の地図ソフトです（**図1-1**）．移動運用の候補地として見つけた場所が，実際はどのような眺望なのかをCGで再現してくれます．これを使うと，人口の多い市や町の方向に障害となるような山がないかなどをシミュレーションすることが可能です．

　さらに，地図上でマウス・カーソルを当てるだけで，その場所の標高もわかります．

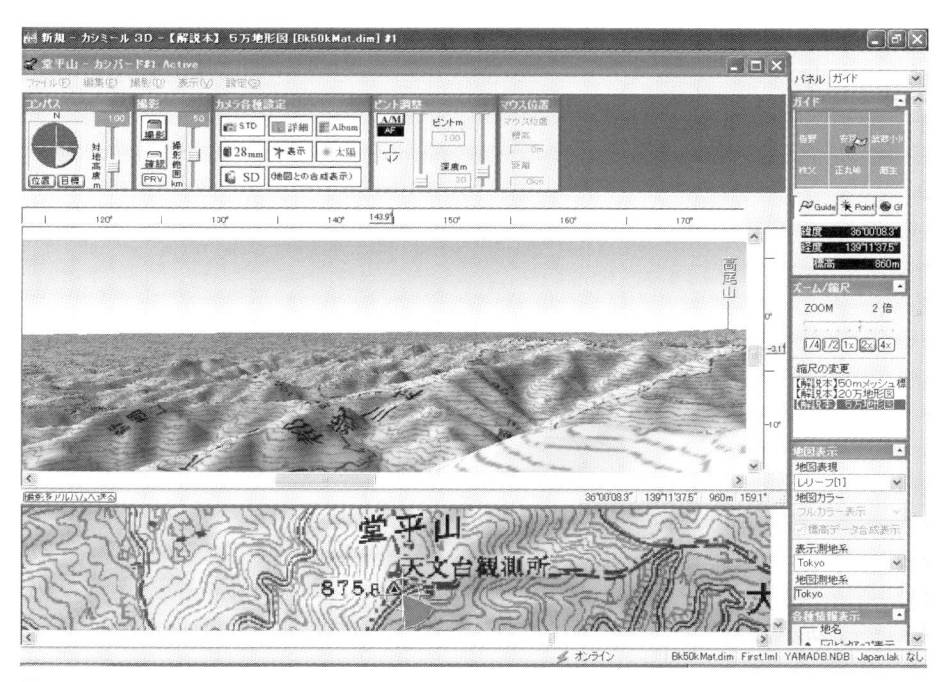

図1-1　カシミール3Dの画面

Chapter 01　電車や飛行機とレンタカーを活用して日本各地で移動運用を楽しもう！

■ 人口の多い場所までの直線距離を測る

V/UHF 帯で，できるだけ多くの地元局と交信するには，運用地と人口の多い都市との距離ができるだけ近いほうが応答率も上がります．私の場合は，なるべく県庁所在地などの人口の多い都市と 30km 程度以内になるような場所で運用するようにしています．

カシミール 3D を使うことで距離を測定することが可能ですが，2 点間の直線距離を測るだけなら，Mapion の「キョリ測 β」という Web サイトで簡単に測定ができます（**図 1-2**）．

以上のような方法を繰り返しながら，移動運用をする候補地を絞り込んでいきます．ただし，当日その場所に行って先客がいる可能性もあるので，予備の候補地も 2 ～ 3 か所探しておきます．

■ 場所の名称や JCC/JCG コードなどを確認する

ここで，私の失敗談をひとつ．北海道の小樽市に移動運用に行った際，小樽市がどこの支庁に属するのかを調べていくのを忘れ，現地に着いてから慌てたことがあります．その日は「オール JA8 コンテスト」が開催されていたので，コンテスト・ナンバーとして「RS＋支庁ナンバー＋年代別符号」を送る必要がありました（北海道の支庁は，現在振興局に呼び名が変わりましたが，JARL のコンテストでの区分は従来の支庁を続けています）．結局は地元局の方に聞いて事なきを得たのですが，何とも恥ずかしい話です．

またよくあるのが，○○町という「町」の呼び方を「まち」と読むか「ちょう」と読むか，現地に着いてから迷うことがあります．実は各自治体の Web サイトを見ても「町」や「村」という部

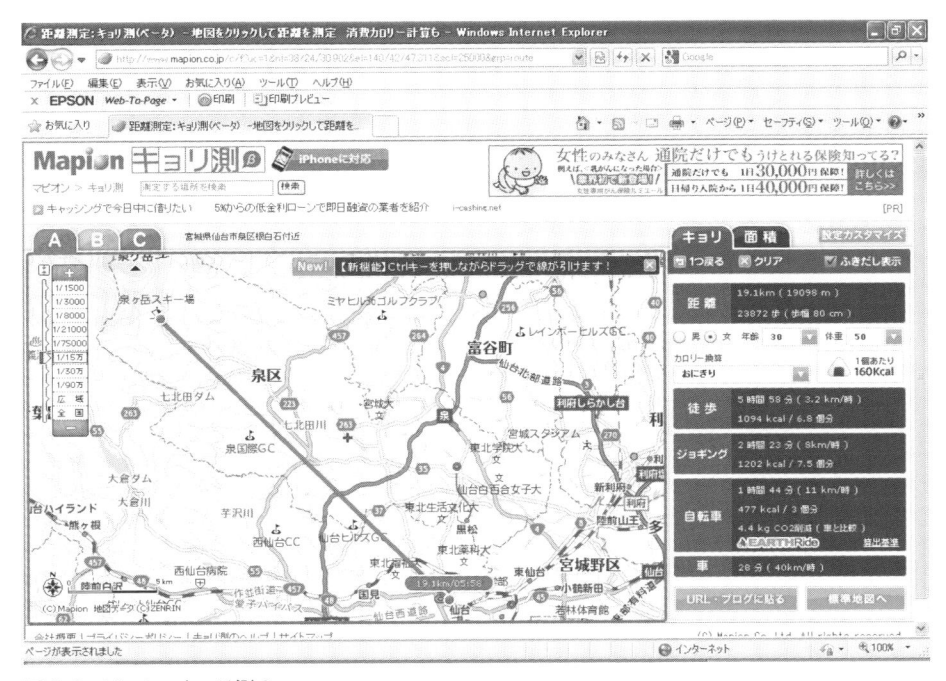

図 1-2　Mapion キョリ測 β
http://www.mapion.co.jp/route/

図1-3 たくさんとくさん
http://www.takusan.net/

分まで，ふりがなをふっているところは多くありません．「村」も「むら」と読むところと「そん」と読むところがあります．

「町」や「村」の読み方を調べる際は，「たくさんとくさん」というWebサイトがお勧めです（**図1-3**）．このサイトでは，全国の市町村名のすべてにふりがなが付けられたリストが県別にまとめられているので，移動運用に向かう県のページをプリントアウトして，現地に持っていくと便利です．

また，JCCやJCGナンバーとできればハムログの町村コードも事前に調べていったほうが良いでしょう．これらは，巻末の資料集に一覧が掲載されています．

なお，地方自治体は合併などによる変更もあるので，出発前にインターネットを活用して最新情報を収集しておく必要があります．

1-3　移動運用に行くならこの時期

移動運用は一年中楽しめますが，時期を選ぶことで楽しみが倍増します．

■ **ローカル・コンテストの開催日に行く**

国内コンテストといえば，ALL JAや6m AND DOWN，フィールドデー，全市全郡などが有名ですが，JARLの地方本部や各県の支部が主催するいわゆる「ローカル・コンテスト」が，年間を通して80近くもあります．このローカル・コン

Chapter 01　電車や飛行機とレンタカーを活用して日本各地で移動運用を楽しもう！

テストの日程にあわせて移動運用をすれば，「県内（管内・府内）局」として参加できるチャンスがあります（**写真1-7**）．ほとんどのローカル・コンテストは，現地に乗り込んで県内（管内・府内）局としての参加が可能ですが，なかにはその県に在住していないと参加できないものや，参加はできるものの，その県内で運用しても県外局扱いになるコンテストもあるので，JARL NEWSや主催者のWebサイトなどで最新の規約を確認することが大切です（**図1-4**）．

それぞれの地元でローカル・コンテストに参加すると，ファーストQSOの局との交信が多くなるため，ついつい話が長くなってしまいます．「7N4ってどこのコールサインですか？」と聞かれることも多く，そこから地元局との楽しいコミュニケーションが広がります．

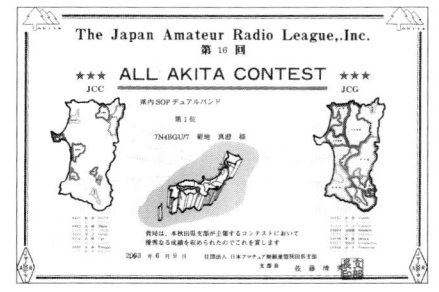

写真1-7　各地のローカル・コンテストで入賞したときの楯や賞状

Column 1-2　季節と場所でこんなに違う 日本にも時差があります!?

日が沈んでからの屋外での移動運用は，何かとリスクを伴います．安全のためにもなるべく明るいうちに撤収して帰路につきたいものです．日の入りの時刻が時期や場所によって違うのは，皆さんもご存じだと思います．しかし，その差は想像以上に大きいのです．

例えば，2011年の東京を例にとっても，日の入り時刻が一番遅い7月1日ごろで19時01分，一番早い12月10日ごろで16時28分と2時間33分もの差があります．

それを全国規模で見ると**表1-A**のようになり，那覇の7月1日と根室の12月10日では3時間44分もの差があります．

全国各地で移動運用をしていると，この時差（？）とも言える大きな違いを感じます．ちなみに，2011年6月15日ごろの根室の日の出は午前3時37分なのですが，これも驚きですね．

これら全国の日の入り時刻や日の出時刻は，国立天文台天文情報センター暦計算室のWebサイト（**http://www.nao.ac.jp/koyomi/dni/**）で確認できます．

安全な移動運用のためにも，運用する場所と時期の日没時間を考慮したスケジュールを立てたいものです．

7N4BGU

表1-A　日の入り時刻の比較

日時	根室	東京	那覇
2011年 7月 1日	19：02	19：01	19：26
2011年12月10日	15：42	16：28	17：38

図 1-4 ローカル・コンテストの日程や規約の確認には JARL CALENDAR が便利
http://www.jarl.or.jp/

Column 1-3

心に残る QSO その 1
ドシャ降りの釧路湿原で受けたパイルアップ

　私が移動運用の楽しさにハマるきっかけになったのが，2002 年 6 月の北海道阿寒郡鶴居村での運用です．

　その日は朝からドシャ降りで「電波のコンディションもダメかなぁ」と半ばあきらめながら，釧路市内のホテルから釧路湿原が見渡せる場所にレンタカーを走らせました．50MHz のホイップ・アンテナをセットし無線機の電源を入れると，なんと 1 エリアの局が強力に入感！E スポが開けていました．

　さっそく，空き周波数をみつけ CQ を出します．「こちらは 7N4BGU/8，阿寒郡鶴居村の移動です…」するとすぐに 1 エリア各局からの猛烈なパイルアップを浴び，ログ帳がどんどん埋まっていきます．しばらくすると 1 エリアからの入感が弱くなり，「今日はこれで終わりかな」と思いながら，10 分ほど CQ に応答がない時間が過ぎると，今度は 2 エリアや 0 エリアから呼ばれ始めました．徐々に 3 エリアの局も混じり始め，またまたパイルアップ状態に．その後も入感のない時間をはさみながら，4 エリア，5 エリア，6 エリアと応答してくれる局のエリアがどんどん変わっていきます．

　「さすがにスキップしそうな 7 エリアは無理だろうな」と思った瞬間，岩手県の局からコールされ，テンションは上がるばかり．

　自宅の運用では経験したことのないような E スポに興奮しながら，最終的には 3 時間半で 95 局ほどと交信し，全国のすべてのエリアと交信することができました．

　自宅や地元エリアを飛び出して移動運用をすれば，今までに経験したことがない世界が待っていますよ！

7N4BGU

運用地から釧路湿原を望む
E スポが終わったころには雨も上がり青空が

Chapter 01　電車や飛行機とレンタカーを活用して日本各地で移動運用を楽しもう！

■ コンディションが良い初夏は狙い目

　初夏に6エリアや8エリアに行って21MHz帯や50MHz帯などで運用すれば，Eスポなどのコンディションに恵まれた場合，全国からパイルアップを浴びることもできます．

　国内交信のメイン・ストリートである7MHz帯は，4アマの制限である10W運用では，どうしてもストレスを感じがちですが，良好なコンディション時の21MHz帯や50MHz帯なら，思う存分全国からのパイルアップを楽しめます．また，珍しい場所へ移動運用に出かければ，Jクラスタに掲載される可能性も高まり，悲鳴をあげたくなるほど（？）呼ばれることもあります．Eスポの発生しやすい初夏（6月～7月）は移動運用に狙い目の時期です．

1-4　現地での運用を楽しもう！　でもその前に…

　目的地についたら，すぐにオン・エアしたいところですが，ちょっと待ってください．その場所で移動運用をしても大丈夫か周囲を確認しましょう．

■ 周囲をチェック！

- アマチュア無線をやっても問題ない場所か
- 崖崩れなどの危険がないか
- 許可を必要とする場所ではないか（事前に許可をとっていればOKですが）
- 観光客が多かったり地元の人などに迷惑をかけたりしないか

Column 1-4　移動運用の小さな敵に注意　目的地に着いたら車の中で10分待機！

　アウトドアでの移動運用には，さまざまな敵（？）がいます．私がよく出会うのはアブの仲間で，特にウシアブはかなりやっかいです．動きが素早く，人や車にまとわりつきます．車内に入って来たらもう大変！無線どころではありません．

　この憎い敵は，草が多く生えたところや湿気のあるところにいます．私は昆虫の専門家ではないので詳しいことはよくわかりませんが，人や車の発する熱や炭酸ガスに寄ってくるとか，車のガラスや黒い服，黒い髪の毛は，彼らにとっては花の赤や黄色と同じように見えるために寄ってくるのではないかという話を聞いたことがあります．

　そんな敵から身を守る方法の一つが「目的地に着いたらすぐに車から降りない」ということです．5～10分は窓を閉め切ってそのまま車内で待機をします．

　もし，彼らが近くにいると，まもなく車のガラス面に集まってきます．そうなったらどんなにロケーションの良い場所でも，即撤退です．

　また，スズメバチなどのハチの仲間をはじめとする昆虫類のほか，ヘビや熊，イノシシ，猿などのほかの生き物にも注意が必要なのは言うまでもありません．

　彼らが悪いのではなく，彼らの住んでいる場所に踏み込んだ私たちが悪いと思えば腹も立ちません．移動運用は安全第一です．

7N4BGU

　参考情報：アウトドアでの危険な動植物の例は，日本アウトドアネットワークのWebページ内「自然体験活動QQレスキュー隊」で紹介されています．

http://www.jon.gr.jp/qq/

※これは筆者の経験談を紹介したもので，身の安全を保証するものではありません．また何かあっても筆者は何ら責任を負うこともできません．身の安全は自己責任のもとで確保してください．

ウシアブ
写真提供：ふなばし環境マップ昆虫標本ギャラリー

- 野生の動物や昆虫など，危ない動植物がないか
- 雷が発生していないか
- 近くに先客（先に運用者）がいないか

など，アンテナなどをセッティングする前にその場所が適切かを，今一度，周囲を確認するようにします．もし，少しでも気になることがあれば，無理をせずに場所を変更しましょう．

■ 現在地を確認する

無線を始める前に現在地の情報を集めておくと，交信相手の方に現在地の情報をより詳しく伝えられたり，自分が発行するQSLカードに詳細な情報を記載することができます．私の場合，次のようなことを移動先で行っています．

■ カーナビの活用

まず，カーナビの「現在地」ボタンを押して現在地の市町村名を確認します．特に市町村境や県境などでは数m移動しただけでJCCやJCGが変わるケースも珍しくありません．もちろんカーナビには表示誤差がありますが，その点はやむを得ないでしょう．

次にカーナビの地図画面の尺度を変えて，県庁所在地など人口の多い場所と自分がいる場所の関係や方向を確認します．場合によっては日本列島全体が画面に表示されるまで画面を引いて，狙う方向に障害物がないかを確認します．もし，狙った方向の目の前に山などの障害物があれば場所の変更も検討します．

■ ポケナビの活用

QSLカードに記載する高度やグリッド・ロケーターを割り出すために，ポケナビという小型のGPS受信機を使って，移動運用をする場所の高度や緯度経度を測定します（**写真1-8**）．緯度経度からグリッド・ロケーターを算出するには，Turbo HAMLOGの中にある機能を使います（**図1-5**）．そのほかにJARLのWebサイトに掲載されているExcelのスプレッド・シートを使って求めることもできます．

万一，現地でうまく測定できなかった場合は，帰宅後にカシミール3Dを使って地図上から高度や緯度経度を求めます．

■ まずはワッチ，そしてCQを出そう！

機材のセッティングも整いすべての準備が完了

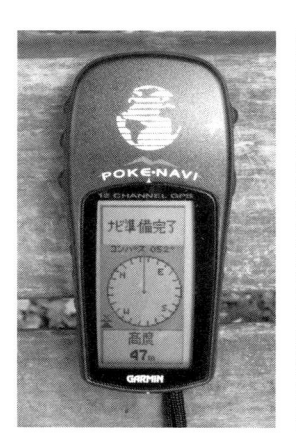

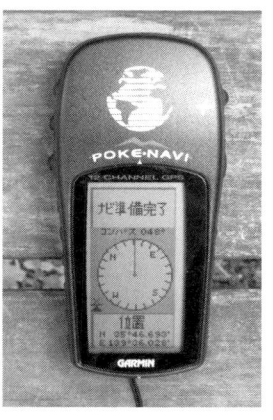

写真1-8　GPSで高度と緯度経度を測定

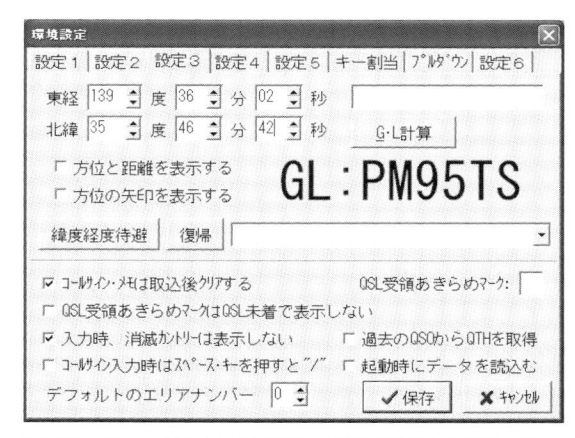

図1-5　Turbo HAMLOGを使って緯度経度からグリッド・ロケーターを求める

Chapter 01　電車や飛行機とレンタカーを活用して日本各地で移動運用を楽しもう！

したら，まず各バンドをワッチしてリグやアンテナに異常がないか，外来ノイズなどの問題がないかを確認します．そして，CQを出している局がいればコールしましょう．RSレポートや音声（変調やノイズ）に問題がないかを聞いて，自局の設備に問題がないことを確認してみてください．

問題がないことが確認できたら，いよいよCQを出して移動運用を楽しみましょう．もちろん，自分のコールサインの後には「ポータブル＋エリア番号」をつけることを忘れずに！

交信は「59です73！」だけのショートQSOでバリバリ局数を稼ぐのもいいですが，せっかくなら周りの景色や道中のエピソードなどを短く伝えると，交信の楽しさがさらに広がるでしょう．

Column 1-5　心に残るQSO その2　屋久島移動でJD1（南鳥島）とQSO

2007年5月，待望の屋久島移動が実現したときのことです．

現地到着後，島内をレンタカーでまわり，見晴らしの良い場所でホイップ・アンテナを取り付け，まずは50MHz帯をワッチ．しかし残念ながらEスポは開けておらず，21MHzへQSY．ところが国内はまったく聞こえず，外国の局もほとんど聞こえません．ヘッドホンから聞こえるのは，開けていないときに聞こえるあのノイズばかり…．

時刻も午後2時を過ぎていたので，「やっぱり21MHzもだめかな」と思いつつ「でもせっかく来たのだからダメもとで声を出してみよう」と，30分ほどCQを出してみました．しかしまったく応答なし．「きっと自分の電波はたぶん人がいない太平洋の海の上に届いているんだろうな」と諦めかけていたとき，「ジュリエット・デルタ・ワン…」という応答が！「えっ？JD1って小笠原？！」

すかさず「QRZ?!」．「ジュリエット・デルタ・ワン…．南鳥島です」「南鳥島？！」

そうです，南鳥島といえば，一般の方は住んでいない日本最東端の島です．コールしていただいたのはJD1BIZさん．QSBを伴っていたものの，無事RSレポートの交換を終え交信成立となりました（後日，QSLカードも届きました）．

実はこのときが，私にとって初めてのJD1とのQSOです．それも父島や母島ではなく南鳥島だったことが，今でも心に残るQSOの一つになりました．Tnx JD1BIZ.

7N4BGU

思い出の屋久島での移動運用（ホイップで出力10W）

Column 1-6　やっぱりすごい！1エリアに行こう！

全国各地で移動運用をして思ったのは，「やっぱり1エリアはすごい！」ということです．

何がすごいかと言えば，アマチュア無線をやっている人が，ほかの地域と比べものにならないほど多いということです．東京都や横浜市，川崎市，千葉市，さいたま市といった人口の多い都市が集中しているので，当然ハム人口も多くなります．

50MHz帯や144MHz帯のSSBや430MHz帯のFMは，休日であれば昼間でもCQを出せばたいてい応答があります．またコンテストのときは，各バンドとも空き周波数がなくなるくらい大勢の方が出ています．これは，ほかのエリアではなかなか経験できない環境です．

さらに，無線に適した地形も大きな特長です．関東平野の周囲を山々が囲み，広大な関東一都六県が一つの県のような感覚で無線を楽しめます．周辺の茨城県や栃木県，群馬県，山梨県，神奈川県，千葉県，埼玉県などのロケーションの良い山の上から東京方面を狙った移動運用を一度経験すると，それはもう楽しくてやめられなくなります．

1エリアで移動運用の経験がない方は，ぜひ一度お試しください．絶対オススメです！　7N4BGU

1-5 やっぱり楽しい！ 移動運用

　常置場所や自宅近くでの移動運用も楽しいですが，遠く離れた場所（**写真1-9**）での移動運用を経験すると，地域によってバンドの混み方がこんなに違うのか，QSOの仕方もずいぶん違うな，自分の住んでいるエリアからのコールがこんな感じで聞こえるんだ，など新たな発見が数多くあります．そしてたくさんの方から呼ばれれば，楽しくないわけがありません．

　移動運用は，アマチュア無線の楽しみを何倍にも広げてくれます．さあ，皆さんも早速出掛けて，いつもと違う新しい世界を体感してみませんか．

〈7N4BGU　菊地 真澄（きくち ますみ）〉

写真1-9　沖縄での移動運用

※ これらの内容は筆者の体験談を紹介したものです．同じような方法で移動運用される場合は，すべて自己責任のもとで行ってください．もし何らかの事故やトラブルがあっても筆者は何ら責任を負うことができません．

Chapter 01　電車や飛行機とレンタカーを活用して日本各地で移動運用を楽しもう！

Column 1-7　忘れんぼうのための移動運用持ち物リスト

● チェック・リスト

　移動運用で誰もが経験する失敗は，やはり忘れ物でしょう．少し不便になるくらいなら許せますが，運用できないほどの致命的な忘れ物をすることも…．そうならないために，チェック・リストを使って確実な準備をしましょう．

　表1-Bは持ち物チェック・リストの例です．これを自分流にアレンジしてみてください．

● 撤収時も要注意

　運用が終わったあとも要注意です．撤収を急ぐあまり，工具や小さな部品などを置き忘れがちです（アンテナやタイヤ・ベースを忘れてしまうという人も，hi）．撤収作業が終了後にもう一度周辺を歩き，置きっぱなしにしている工具などがないかを確認しましょう．

〈CQ ham radio 編集部〉

表1-B　移動運用持ち物リスト

無線機関係	電源関係	書類関係
☐ トランシーバ	☐ バッテリ	☐ 無線局免許状
☐ 電源コード	☐ 乾電池	☐ 無線従事者免許証
☐ マイク	☐ 発電機	☐ ログブック
☐ 電鍵（パドル）	☐ 発電機用燃料	☐ ハム手帳
☐ 電鍵コード	☐ 電源リール	☐ QSLカード（名刺）
☐ ヘッドホン（イヤホン）	☐ テーブル・タップ	☐ 時計
☐ アンテナ・チューナ	☐	☐ 筆記用具
☐	☐	☐ メモ帳
☐	**周辺機器関係**	☐
アンテナ関係	☐ SWRメータ	☐
☐ アンテナ本体	☐ ショート・ケーブル	**PC関係**
☐ エレメント	☐ アンテナ・アナライザ	☐ コンピュータ
☐ ブーム	☐ エレキー	☐ PC用ACアダプタ
☐ アンテナ・パーツ	☐ エレキー用コード	☐ インターフェース
☐ ネジ類	☐	☐ バックアップ用メディア
☐ 同軸ケーブル	☐	☐
☐ 変換コネクタ	☐	☐
☐ 中継コネクタ	**工具関係**	☐
☐ ショート・ケーブル	☐ 工具セット	**その他**
☐	☐ カッター	☐ 財布
☐	☐ ガムテープ	☐ 携帯電話
☐	☐ ビニル・テープ	☐ 食料・飲料水
ポール関係	☐ タイラップ（各サイズ）	☐ 着替え・タオル
☐ マスト	☐ 懐中電灯	☐ コンパス
☐ ステー・ロープ	☐ ロープ	☐ 地図
☐ タイヤ・ベース	☐ はんだごて	☐ カメラ
☐ ペグ	☐ はんだ	☐ 雨具
☐ ペグ用ハンマー	☐ ゴミ箱・ゴミ袋	☐ イス・テーブル
☐	☐	☐
☐	☐	☐
☐	☐	☐

Chapter 02

無線機と一緒に外へ出よう いろいろな移動運用の楽しみ方

移動運用の楽しみ方は人それぞれ．バラエティー豊かな移動運用の楽しみ方をお伝えします．あなたのスタイルにあった移動運用が見つかるかもしれません．ぜひ参考にしてみてください．

2-1　おでかけのお供にハンディ機を連れて

■ プロローグ

家を離れて無線を楽しんでみませんか．自然につつまれながらの運用は，とても気持ちの良いものです．新しい発見や思いがけない出会いがあるかもしれません．

お出かけのお供に，ハンディ機を連れて行きました．バッグに，ハンディ機とアンテナ，スピーカ・マイク，時計，ログ用ノート，ハム手帳，そしてカメラを入れました（**写真2-1**）．

■ 紫峰，筑波山

つくばエクスプレスを利用して，茨城県の筑波山へ行きました．日本百名山の一つであり，関東屈指の移動ポイントとして有名です．

ロープ・ウェイ乗り場のあるつつじヶ丘駐車場

写真 2-1　お出かけのお供たち

写真 2-2　女体山山頂にて

Chapter 02　無線機と一緒に外へ出よう　いろいろな移動運用の楽しみ方

で430MHz FMをワッチしてみると，たくさんの局がQSOを楽しんでいました．強く入感する局をコール！　同じように筑波山移動だったようです．ロープ・ウェイに乗って女体山の頂上へ行きました（**写真2-2**）．パイルアップに負け続けたので，付属のアンテナを長いものに替えたら，やっとQSOできました．

■ 天空の道，美ヶ原高原道路

初夏のある日，長野県松本市から美ヶ原高原美術館を目指しました．林道美ヶ原線は，もとは「美ヶ原スカイライン」という有料道路だったそうです．曲がりくねった険しい森の道を抜けると，なだらかな高原のスカイラインになりました．レンゲツツジが可憐な花を咲かせています．

左手に少し入ったところに「思い出の丘」の駐車場がありました．ハイキング・コースになっています．丘の頂上へ登ってみると，そこは標高1,935m，360度の視界が開けた大パノラマ．北アルプスの山々，松本市内も眼下に見渡せます（**写真2-3**）．

ハンディ機を取り出して430MHz FMをワッチしました．のんびりラグチューしている局やモービル局がバンド内を埋め尽くしていました．

美ヶ原高原をいうと「ビーナスライン」が有名です．1,000mの標高差を一気に駆け抜ける，こちらのルートもFBです．美ヶ原高原美術館には，道の駅ができていました．

■ みかも山公園

東北自動車道佐野藤岡ICの近くに「みかも山公園」があります．みかも山の一部を利用した，栃木県の県営都市公園です．みかも山は稜線がなだらかで，万葉集にも詠まれた由緒正しき山だそうです．

「道の駅みかも」がある，南口駐車場側から登ってみました．感じの良い林の中の散歩道…，と思いきや，急勾配の階段が一直線に続いています．途中にある名石たちに目をやる余裕もなく，何度も休憩しながらひたすら登っていきました．

着いたところは，三毳（みかも）神社の奥殿でした．祠がひっそりと建っています．テーブルとイスがあったので，ハンディ機を取り出してみました．あっ，聞こえる♪　430MHz FMで桜川市，西多摩郡と交信できました．一休みしながらのんびりQSOを楽しみました（**写真2-4**）．

撮影ポイントの表示があったのでついでに行ってみました．その名も「富士見台」．中世のお城

写真2-3　美ヶ原高原・思い出の丘

写真2-4　みかも山公園・三毳（みかも）神社

写真2-5 飯能市・関八州見晴台

写真2-6 埼玉県比企郡ときがわ町・堂平山山頂

を思わせる,堅牢な展望台でした.雷がきたときのシェルターになっています.眺望は抜群で「関東富士見百景」に選ばれているそうです.行田市モービル局や,松戸市の局とQSOできました.

■ 秩父,関東ふれあいの道

奥武蔵グリーンラインをドライブしました.峠がたくさんある尾根道にもかかわらず,自転車やバイクのツーリング,ハイキングを楽しむ多くの人たちを目にしました.

埼玉県飯能市にある,「関八州見晴台(高山不動・奥の院)」は,標高771.1m.江戸時代の呼び名で,相模・武蔵・上野・下野・安房・上総・下総・常陸の八か国すべてを見渡せたことからこの名が付いたそうです.

車を停めて,うっそうとした山道を登っていきました.クマよけの鈴がありました.頂上にはあずまややベンチもあり,小学生からシニアまで老若男女の観光客でにぎわっています.人の目を気にしながらも430MHz FMで声を出してみると,都内をはじめ関東各地とコンタクトできました(写真2-5).アキシマクジラ記念局の8N1WHALEとも交信できました.

「関東平野が一望できます! 堂平天文台」という案内板に惹かれて,堂平山(861m)へ行きました.ここは,埼玉県比企郡ときがわ町の「星と緑の創造センター」(教育学習・体験交流施設)になっているそうです.

天文台横の芝生には三角点がありました.ハンディ機5W+ホイップ・アンテナで快適に運用できました(写真2-6).たくさんの局からコールがあり楽しく交信していましたが,雷がゴロゴロ鳴ってきたので後ろ髪を引かれる思いで撤収しました.

■ エピローグ

高いところや見晴らしの良いところは,景色が良いものです.険しい山道を登ってやっと目的地に着いたとき,そこから見渡せる景色の素晴らしさは,きっと頑張ったことへのご褒美なのでしょう.それだけに,同じような思いの観光客の邪魔をしてはならないと感じます.大きなアンテナを展開することはご法度ですが,ハンディ機+マグネット基台+ホイップ・アンテナくらいなら大丈夫ではないでしょうか.

もし誰かに話しかけられたらていねいに受け答

Chapter 02　無線機と一緒に外へ出よう　いろいろな移動運用の楽しみ方

えをして，アマチュア無線を知ってもらいましょう．近くのハムが会いに来てくれるかもしれません．きっと，四方山話に花が咲き，友達の「わ」（輪・和・話）が広がることでしょう．

あなたもお出かけのお供に，ハンディ機を連れて行ってみませんか．

〈JI1JRE　武藤 初美（むとう　はつみ）〉

Column 2-1　悪い虫にご注意　虫刺されの予防と対処法

松本市の旅館の庭で写真を撮っていたら，大きなアシナガバチに足を刺されてしまいました．白いパンツの上からです．痛みが広がってきたので急いで病院へ行きました．病院では患部をずっと冷やしていました．

そこで，虫刺されの予防と対処法について簡単に調べてみました．

● 予防その1「近づかない」
・川や水たまりが好き…汗にも反応するそう．特に蚊やアブ，ブヨ．
・お酒や甘い香りが好き…二酸化炭素も好むので，飲酒後の息や運動後にご注意．
・黒い色を好む…服装や持ち物に気を付けて．

● 予防その2「寄せつけない」
・虫よけスプレーを使う
・アロマ・オイル（シトロネラやミントなど）を塗る
・蚊取り線香を置く
・集中灯を設置する

● 対処法「刺されてしまったら」
・かゆみ止め軟膏をぬる
・ポイズン・リムーバーで毒を抜く
　→医者へ行く

楽しい移動運用に水を差されてしまわないように，虫刺されにもご注意を．
JI1JRE

2-2　家族で楽しむ移動運用

■ 家族での移動運用の楽しさ

以前から，娘たち3人（長女 JA1UCW，次女 JG1GNK，三女 JG1IBQ）を連れて，家族4人で HF 帯〜UHF 帯での移動運用を楽しんでいます．移動運用では，移動地が異なれば移動先までのルートも違います．また，移動先の風景も違います．無線だけではなく小旅行みたいな感覚を楽しんでいます．たくさん呼ばれそうな地域に移動したり，ローカル・コンテストに参加したり，楽しみ方はさまざまです．

ただ最近は，徐々に長女のアクティビティーが下がり，3人で移動するケースが多くなりました．

■ 移動運用は自転車で

移動運用は主に自転車で出かけています．自転車なので大きな設備での運用はできませんが，簡単に運用のようすを紹介します．

電源は，自動車用の鉛バッテリを使用しています（**写真 2-7**）．長時間の運用には適していますが，転倒させたり，過放電しないように注意が必要です．

アンテナは手軽に扱えるワイヤ・アンテナ（**写真 2-8**）や高利得のモービル・ホイップを使用しています．HF 帯はバンドごとにエレメントを用意しています．ハイバンドでは非力な感じはありますが，エレメントが短いこともあり，スピーディーに設営できます．V/UHF 帯は，必要に応じて八木アンテナも使用します（**写真 2-9**，**写真 2-10**）．

写真 2-7 電源の自動車用バッテリも自転車に積んでいく

写真 2-8 3.5MHz 用アンテナを設置中．2人の間は約 40m

写真 2-9 50MHz 用 6 エレ八木を組み立て中．あとはエレメントを取り付ける

写真 2-10 組みあがったアンテナ

写真 2-12 運用中の JG1IBQ

写真 2-11 リアルタイム・ロギングで運用中の JG1IBQ（左）と JG1GNK（右）

Chapter 02　無線機と一緒に外へ出よう　いろいろな移動運用の楽しみ方

運用時はPCでログを入力しています（**写真2-11**）．日中は画面が見にくく，カーソルが行方不明になって大慌てすることもしばしば，hi．

少し遠くへ移動した場合は，帰りの自転車を運転する体力も残しておかなければなりません．

■ こんなことも

移動運用中に，自転車で巡回中の警察官が近づいてきました．ドキっとしましたが，実はハムだとのこと．無線の話題で盛り上がりました．

まだまだ試行錯誤を繰り返していますが，交信時にこんな運用風景（**写真2-12**）をイメージしてくださると幸いです．

〈7M3CBF　川島 増若（かわしま　ましわか）〉

2-3　みんなで楽しむ移動運用

何人かが集まって楽しむ移動運用は，一人のときとは違った楽しみ方があります．ここではそんな，大人数で楽しむ移動運用の楽しさ紹介します．

■ 人が集まれば楽しさも増える

この移動運用のいいところは，なんと言ってもみんなで楽しさを共有できるところです．「遠くの局と交信できた！」「パイルアップに勝てない～っ！」など，わいわい騒ぎながらの運用は，楽しいと思いませんか？

シャックやアンテナの設営も，みんなでやればあっという間に終わります（**写真2-13**）．普段は狭い車の中や小さなテーブルで運用していても，このときばかりは，大きなテントの下で快適に無線が楽しめるのです（**写真2-14**）．

さらに，お昼ごはんにバーベキューを楽しめば，無線以外の楽しい思い出も残せます（**写真2-15**）．家族サービスのひとつとして，一家で参加するのはいかがでしょうか．

■ 装備も充実できる

装備の面でも大きなメリットがあります．アン

写真2-13　大勢で取り掛かればあっという間にアンテナが設置できる

写真2-14　テントとテーブルでひろびろ快適な運用を

テナをみんなで持ち寄ることで，普段は自分が出られないバンドにも出られるかもしれません．また，高利得のアンテナを持ってきてくれる人がいるかもしれません．いつもとは違った世界が見られるかも．

みんなで機材を持ち寄ることにより，楽しみかたが大きく広がることでしょう．

■ いろいろなアドバイスも

たとえば，自分は持っていない高価なアンテナ・アナライザで，アンテナがちゃんと動作している

写真 2-15　メイン・イベントの一つ．お昼のバーベキュー

写真 2-16　アンテナ・アナライザでアンテナをチェックしてもらおう

写真 2-17　記念撮影も忘れずに

Chapter 02 無線機と一緒に外へ出よう いろいろな移動運用の楽しみ方

かどうかのチェックもしてもらえそうです（**写真2-16**）．運用方法や新しいモードへのアドバイス，マル秘テクニックを伝授してもらえることにも期待しましょう！

■ 楽しさいっぱいの移動運用

大勢で楽しむ移動運用は楽しさいっぱいです．ローカル局を誘って，移動運用に出かけてみてください．多くの局との交信や仲間たちと過ごした一日を，楽しい思い出として残しませんか（**写真2-17**）．

〈CQ ham radio 編集部〉

2-4 お手軽な HF 運用

■ コストをかけないお手軽移動

HF の移動運用だからといって肩に力の入った装備は不要です（**写真 2-18**）．JCC や道の駅の移動局を自宅から追いかけていたら，当局も無性に移動運用に出かけたくなりました．でも，無銭家（hi）のためコストはかけたくない．ということで，自作した装備も用意して手軽な移動運用を楽しんでいます．

■ 機材について

アンテナは，マルチバンドに対応可能なスクリュー・ドライバー・アンテナと，フルサイズの自作ギボシ・ダイポール・アンテナです．

写真 2-18　HF 移動運用の装備

写真 2-19　マルチバンド対応のスクリュー・ドライバー・アンテナ

写真 2-20 タイヤ・ベースでギボシ・ダイポール・アンテナを展開

写真 2-21 ギボシ・ダイポール・アンテナを広場に持ち出して運用

　コンパクトなスクリュー・ドライバー・アンテナは，ダイポールを展開できないような移動場所でも使用でき，何よりも短時間で設営が可能です（**写真 2-19**）．しかし，フルサイズのダイポールを展開できるスペースがあったら，自作のギボシ・ダイポールを広げます．車移動も考慮して三脚に自作のタイヤ・ベース（**写真 2-18** 右側の板）を用意して展開したり（**写真 2-20**），広場に持ち出して展開したりしています（**写真 2-21**）．無線機は，QRP 機と自宅で使用している HF 機を持ち出しています．電源は，車用のバッテリ 2 個を並列に接続して持続性を高めています．

　HF の移動運用を始めるにあたっては，この装備で十分です．刻々と変化するコンディションに合わせて，ギボシをつないだり切り離したりしてバンドチェンジを行い，さまざまなバンドで国内のみならず海外 DX も含めて楽しんでいます．

■ 最初の一歩を

　移動局同士の QSO は，ロケーションや使用アンテナなどの情報交換もあり，装備や移動場所選択の大きな参考になります．ぜひ皆さんも気軽に HF の移動運用の最初の一歩を踏み出してみてください．

〈JI1SAI　千野 誠司（ちの せいじ）〉

2-5 レジャー！ 出張？　ホテルの宿泊にはハンディ機をお忘れなく

■ ハンディ機を持って行こう

　出張などで宿泊したホテルのロケーションが良いと，無線機を持ってくればよかったと思うことがあります．無線目的以外の旅行でも気軽にハンディ機を持って出かけましょう．

■ 狙いは東京都内の高層階プラン

　せっかく無線機を持って行くなら，できるだけたくさんの局と QSO したいものです．電波が良く飛ぶ高い階に部屋を確保するには，インターネットで探すのが手軽で便利です．多少値段は高

Chapter 02　無線機と一緒に外へ出よう　いろいろな移動運用の楽しみ方

写真 2-22　機材の例．アンテナは長さ 1m 弱の 144/430MHz 用ロッド・アンテナ，小型マグネット基台，吸盤式窓貼りヘンテナ（自作）の 2 種．電源は内蔵のリチウムイオン・バッテリとニッケル水素電池を交互に充電しながら運用する．100 円ショップのポーチはメッシュ・タイプが中身が見えて FB

写真 2-23　ハンディ機とホイップ・アンテナでの運用例．144/430/1200MHz 帯のトライバンド・ハンディ機＋ロッドアンテナ・タイプのホイップ．スピーカ・マイクと内蔵バッテリで運用

くなりますが「20 階以上を保証」などの宿泊プランが見つかると思います．「夜景」も検索ワードとして使えます．また，ホテル自体が高層階にある（高層階にしかない）ところを選べば，確実に高層階に宿泊できます．

■ 電波の飛びについて

　窓からは 1 方向しか見えない場合が多いと思いますが，ビル反射などで思わぬ方向への伝搬が期待できます．都内の 18 階からの運用では，関東一円（群馬や茨城，神奈川など）と 430MHz FM で出力 5W ＋長めのホイップ・アンテナの使用で交信できたことがあります．都心のホテルからであれば，窓の向きにはこだわらず，トライしてみることをお勧めします．ただ，東京中央部以外での運用は，人口の多い方向に窓が向いている事を確認したほうが良いと思います．東京，大阪以外では 144MHz の FM で方言でのラグチューをワッチするのも出張の楽しみです．

■ 機材について

　「何かのついで」の運用なので，トランシーバは FM ハンディ機が基本となります．最近のハンディ機は電池の持ちが良く，リチウムイオン・バッテリを搭載している機種だと 1〜数時間程度運用できる場合もあります．アンテナはロング・タイプのホイップがベターですが，まずは純正ホイップで試してみてもよいと思います．**写真 2-22** は，準備した機材の例です．

　トランシーバを手に持って運用するのは続けて呼ばれた場合などに疲れるので，小型のマグネット基台があれば便利です．でも，本体とスピーカ・マイクでトライしてみるのもよいのではないかと思います（**写真 2-23**）．

■ 機材に工夫するのも楽しい．

　「基本構成」での運用に物足りなさを感じたら，アンテナや小物類を自作するのも楽しいです．私は吸盤で窓に貼る 430MHz 用のヘンテナを作り

写真 2-24　外付けアンテナ．自作の吸盤窓貼りヘンテナで運用

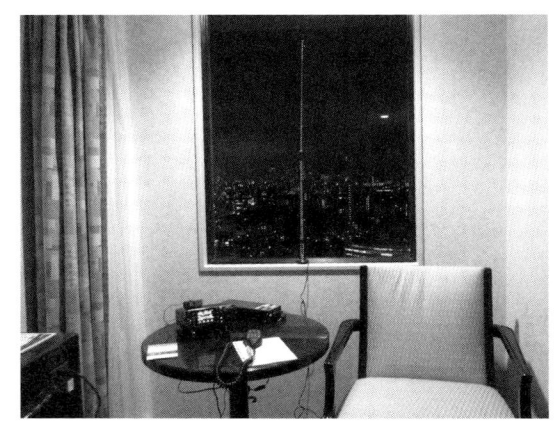

写真 2-25　たまにはリッチに？ シティ・ホテルでモービル機と小型マグネット基台で運用

ました（**写真 2-24**）．小物類のパッキングは100円ショップが心強い味方となります．

■ オールモード機も FB

　荷物が増えるので，出張には少し大変かもしれませんが，首都圏ではオールモード機の V/UHF 帯の SSB も楽しいですよ（**写真 2-25**）．

　ホテルに宿泊の際は，忘れずにハンディ機を持って行きましょう！

〈JS3OMH　倉田　健（くらた　けん）〉

2-6　離島運用の楽しさ

■ 離島運用を始めたきっかけ

　もともと移動運用が好きで，国内との交信は JCC/JCG/ 町村サービス主体で 7MHz SSB 中心で QRV．DX との交信はコンテスト主体でロケーションの良い場所から QRV していました．

　7MHz 移動グループの有志の会にも参加しており，そのメンバーの方から「1998 年 4 月に新潟の粟島へ移動運用があるが来ないか」と誘いがありました．当時コンディションが FB で，粟島の山で八木アンテナを使用して 18/21MHz SSB でヨーロッパ中心に 300 局弱との QSO でき，粟島移動運用は成功に終わりました．

　自宅に戻ると，海外から SASE が到着，メールで QSO のお礼と IOTA のリクエストがありました．粟島移動を機に移動主体は島になり，離島での移動運用にはまってしまいました．

■ 離島運用での楽しさ

　近くの淡路島から QRV して（当時 IOTA：AS-117 はレアな島だった）多くの DX 局からのパイルアップを受け，国内 QSO では味わえない楽しい運用でした．日本からは交信難易度が高い ZONE2 からもコールがあったことも思い出の一つです（ZONE2 を呼ぼうとしても，いつもパイルアップが大きくいので微力な設備では無理）．

Chapter 02 　無線機と一緒に外へ出よう　いろいろな移動運用の楽しみ方

写真 2-26　鹿児島県宇治島での運用

写真 2-27　沖縄県南大東島での運用

写真 2-28　もっとも手軽なアンテナのモービル・ホイップ

写真 2-29　沖縄県粟国島の民宿に設置したアンテナ

　これまで離島移動で訪れた場所は，北海道…奥尻島，東京都…八丈島，和歌山県…紀伊大島，兵庫県…淡路島，岡山県…北木島，鹿児島県…口之島・宇治島（**写真 2-26**），沖縄県…沖縄本島・粟国島・宮古島・大神島・南大東島（**写真 2-27**）などです．

■ よく使うアンテナ

　設備としては，モービル・ホイップ（**写真 2-28**），ATU＋ロング・ワイヤをはじめ，八木，G5RV を利用しています．あまりアンテナ地上高を気にしないでも，バツグンな飛びが期待できます．ハイバンドのコンディションが良い時期は，最初から高望みしないで，モービル・ホイップのような簡単設備で運用してみてください．

■ 民宿を利用

　私が離島移動する場合は，民宿をよく利用します．事前に了承が得られればアンテナの設置ができること（**写真 2-29**）や商用 AC100V 電源が

移動運用で楽しむアマチュア無線　| 33

利用できること，食事やお風呂，トイレの心配をせずにすむことが大きなメリットです．

移動運用の思い出としては，口之島で釣り上げた新鮮な海の幸を堪能できたことです．

■ 失敗談

撤収時間を気にしないで運用してしまったため，搭乗時間の10分前に空港到着するという搭乗危機がありました．幸い，搭乗する機体の空港到着が遅れたことで，危うく難を逃れましたが…．

早めの撤収を心がけて，余裕を持って空港に向かいましょう．

■ まずは近場の島から

最初は難易度の高い離島ではなく，瀬戸内海などの行きやすい島から運用を始めてみるとよいでしょう．

〈JI3DST　舟木 武史（ふなき たけし）〉

2-7　移動運用で楽しむDX

■ 移動でDXを狙い始めたきっかけ

私の職場には有名なアパマン・ハムがいて，釣り竿アンテナで猛烈な成果を上げています．自分も彼の釣り竿を参考にして自宅でQRVしてみたところ，想像をはるかに超える"釣果"を得ました．

しかし，あるとき重大な事実に気付きました．私の成果は，相当コンディションが良いときに「ちょっと」できているに過ぎなかったのです．DXクラスターに「FB sigs」とスポットされ，多くのJA局が次々にQSOしているにもかかわらず，相手局がまったく聞こえない状況はとても情けないものです．150戸も密集して建っている住宅の，サイディング材や屋根材の影響が大き過ぎるのでしょうか…．

そんな状況の中，オランダ領アンティルでエンティティーの変更があり，どうすればQSOできるかを考えた末の結論が移動運用でした．まずは練習にと，軽い気持ちで行った移動運用で，いきなりガンガン入感したカリブ海と短時間で3エンティティーもQSOでき，味をしめることとなったのです．パチンコのビギナーズ・ラックにそっくりです．

■ 移動運用ってどれだけできる？

移動運用の成果を左右する最大のファクターは「運」です．運用場所は自分で選べる余地がありますが，移動できる日時は仕事や家庭の都合で，いや応なしに限られてしまいます．そのときにオープンするかどうかは運任せでしかありません．

これまでの35回の移動運用で，「アタリ」の確率は結果的に37%です．運良く「アタリ」が出れば，アフリカやカリブ海が強力に入感します．しかし，結局はベアフット．最近の巨大パイルアップではQSOできないこともよくあります．むしろ，コンディションはさほど良くはないものの，ロケーションに助けられて自分には聞こえるけれども「下界」の各局には聞こえない，という状況になれば，来たかいがあったというものです．

ZD8ZZ（14MHz），RI1FJ（14MHz），D2CQ（21MHz），CO8LY（24MHz），CE3FZ（24MHz）などとはそんな状況でQSOできました．

また，コンテスト時も狙い目です．CQ WW

Chapter 02　無線機と一緒に外へ出よう　いろいろな移動運用の楽しみ方

写真 2-30　移動仕様のトライバンド 2 エレ HB9CV ミニマルチ HB32SX-P．Spiderbeam ファイバ・ポールの下から 6 段を使用．縮み防止改造を施している

写真 2-31　アフリカ狙いで深夜の移動運用．D2CQ と QSO できた夜

DX コンテスト CW では近くの海岸から QRV し，カリブ海や南米のパイルアップを次々にクリア．3 時間で満足して早々に帰宅しました．

■ どんな運用をすればよい？

秋から春にかけては，明け方の暗いうちに出発し，5 時ごろには運用を開始したいものです（**写真 2-30**）．早朝が良いか，夕方のロングパスが良いかは，まだ結論に至っていません．夏場は深夜のアフリカを狙って夕食後におもむろに出発し，丑三つ時の撤収となります（**写真 2-31**）．

DX を狙うための運用場所は，高台や海岸などが良いと思います．高台と言っても，海抜高自体はあまり重要ではなく，とにかく周囲より高くて，なるべく障害物がない場所を選びます．海岸の場合は，可能な限り海水に近い位置にアンテナを建てますが，これは海水の高い導電率により打ち上げ角を低くするためです．

■ アンテナ

ワッチ時間を可能な限り確保できるよう，アンテナ設置時間の短縮と，マルチバンド・アンテナ

写真 2-32　海岸に建てたバーチカル．ポールは Spiderbeam の 12m ファイバ・ポールを使用．軽くて非常に丈夫

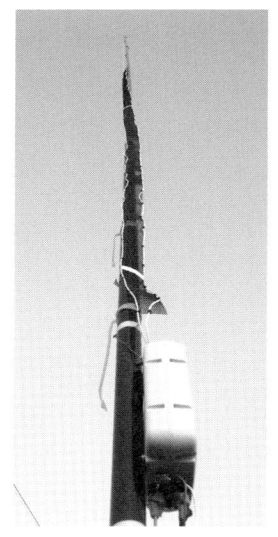

写真 2-33　デュアル・エレメント・バーチカル．鉢底ネットを帯状にして 2 本のエレメントを等間隔に保持している（ハシゴ・フィーダの要領）

の使用が望まれます．この目的のために，私が製作したのが「デュアル・エレメント・バーチカル」です（**写真 2-32**）．

これは，ローバンド用とハイバンド用の 2 本の

写真 2-34 カウンターポイズを海に投入．防波堤とテトラポッド越しだが効果はある

写真 2-35 カウンターポイズの効きにくい山岳地ではビーム・アンテナが良い反面，エレメントが樹木に引っ掛かりやすい

エレメントをオート・アンテナ・チューナの給電端子に接続したもので，エレメント長は各バンドでゲインと打ち上げ角が最適となるように，シミュレーションで決定します．

デュアル・エレメント・バーチカルのエレメント長は9.5mと4.1mです．これを5cm間隔で平行にして，7～50MHzで使用します（**写真2-33**）．カウンターポイズは，15mのビニル線（ACコードを裂いたもの）を2本使用し，先端の1m程度の被覆をむいています．海中に投入すると（**写真2-34**），長さや本数にあまり関係なく良く効くと感じています．

バーチカルを海岸に建て，海水により十分にカウンターポイズの効果が得られれば，驚くほど高いゲインと低い打ち上げ角を有する，DX向きのアンテナとなります．私の場合カウンターポイズを海中に投入して，目標設計値はゲイン6dBi，打ち上げ角5度です．

バーチカルは山上においても高性能を発揮すると言われていますが，経験的に導電率の悪い山岳で高効率を確保するのは難しく，最近はトライバンド2エレHB9CVを使用しています（**写真2-35**）．この場合でも，トラップの両端を銅線で短絡してアンテナ・チューナを併用すれば，設計バンド以外でも実用になりST0Rのパイルアップも突破できています．

移動運用を始めた当初は，デルタ・ループ＋ATUを使用していましたが，この方法では非常に効率の悪いバンドが生じてしまうことに気付き，お蔵入りとなりました．

■ "アタリ"が連発することを願って

"やや，いや応なし"に始めてしまった移動DX'er．新生PJとはいまだQSOできていませんが，"アタリ"が連発することを願い，可能な範囲内で無理をして楽しんでいます．

〈JL3LSF　田中 豊広（たなか とよひろ）〉

2-8 移動運用でSSTVを楽しみましょう

■ SSTVとは

SSTVとは"Slow Scan Television"低速度走査テレビの略です．1枚のカラー静止画を60秒前後かけてSSB音声帯域内で送受信する通信方法です．画像の説明などは，通常のSSBモードで伝えています．届いた画像には，言葉では伝わらない感動があります（**写真2-36**）．海外からのFBな画像も見られます（**写真2-37**）．

SSB信号でRS"31～41"でも，SSTV信号ならRSV"515"で画像を受信できます．

■ 移動運用先（旅先）の名所風景・花・動物や虫？などを撮影して伝送しましょう！

移動運用先でのFBな風景・運用風景・バーベキュー現場？など，各局で"ワイガヤ（ワイワ

写真2-36 きれいな送受信画像

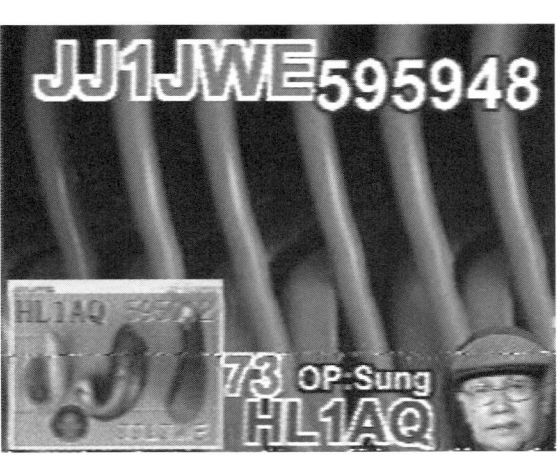

写真2-37 DX局から届いた画像

写真2-38 公園で運用中の筆者（左）とSSTVのシステム（右）

イガヤガヤ)"している楽しい状況を伝えられます．

公園などで運用していると(**写真 2-38**)，一般の方も興味を持ってPC画面に写し出されたきれいな画像をのぞいたりして？

送る画像はライブラリーにあるものよりもライブ写真がお勧めです．

■ 運用するためには

高機能で使いやすいフリーソフト「MMSSTV」が主流です(**写真 2-39**)．PCとの接続は，市販のインターフェース(**写真 2-40**)で簡単にできます(**写真 2-41**)．MICとSSTV切り替えおよびPTTコントロール回路を自作してもOKです．

SSTVの電波を出すには，付属装置の追加と電波型式の変更申請が必要です．

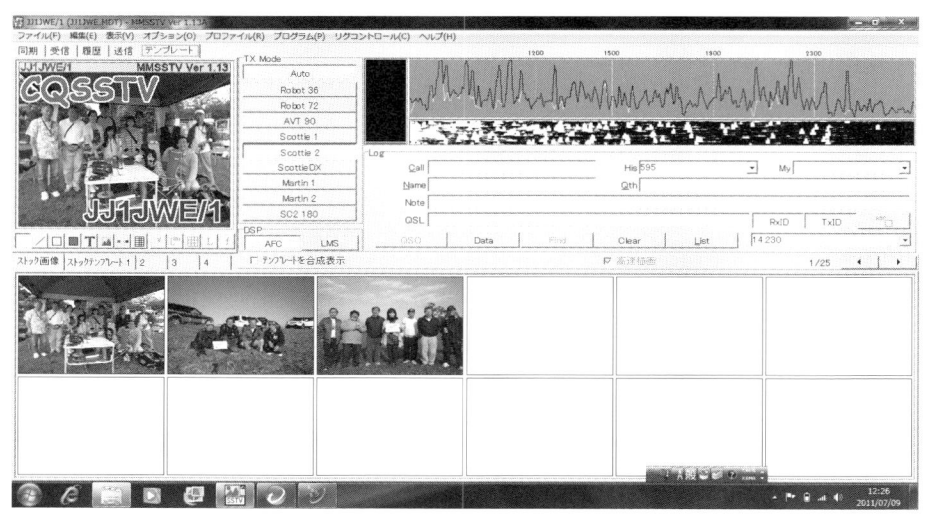

写真 2-39　MMSSTVの画面

写真 2-40　インターフェースの例 CG antenna社製 SB-2000 (取り扱い EDC)

写真 2-41　パソコン⇔インターフェース⇔無線機の接続例

Chapter 02　無線機と一緒に外へ出よう　いろいろな移動運用の楽しみ方

各バンドのメイン（呼び出し）周波数は**表2-1**に示すようになります（単位：MHz）．サブ周波数にQSYする場合は，HF帯では3kHz，VHF以上では5kHz～10kHz（FMは20kHz）ステップで運用されています．

144MHz帯には特定のメイン周波数はなく，ローカル間でFMモード運用しているのが現状です．

SSTVにはたくさんのモードがあり，一般的に国内QSOでは"Scottie1"DX QSOでは"Scottie2"が多く使用されています．

SSTVに関する詳細は，「JASTA事務局のホームページ（**http://homepage3.nifty.com/jasta/**）」をご覧ください．

〈JJ1JWE　神戸　稔（かんべ　みのる）〉

表2-1　SSTVのメイン周波数

3.528 or 3.752	24.980
7.033	28.680
7.172 or 7.175	50.300
14.230	144.---
18.160	430.450
21.340	（単位：MHz）

Column 2-2　お世話になったらお礼状を出そう

島への移動運用で運用許可をいただいたり，宿でアンテナを建てさせてもらったり，道具をお借りしたり，お世話になることがあります．移動運用を楽しんで無事に帰ってくることができたら，やはりお礼をしておきたいところです．

瀬戸内の四国の島では，市役所で漁港敷地の運用許可をいただき，安心して7MHzフルサイズ逆Vダイポールを設置できました．"通信実験"の結果報告として，全国との交信状況をまとめ，簡単なレポートとしてお送りしました．

また宿泊した宿で，庭やバルコニーにアンテナを立てさせていただけることがあります．暑さ，寒さ，虫の襲来もなく，室内で電源の心配もなくQRVできるのはとてもありがたいものです．

お礼状はQSLカードを絵葉書として出すのが手軽でよいと思います．年賀状などお返事をいただけることも多く，また島に行きたい思いが強くなります．　　　　　　JS3OMH

新居浜大島で7MHzにQRV．漁港敷地で許可を得てフルサイズ・ダイポールを設置できた

八重山諸島波照間島のホテル オーシャンズ．ほぼ360度の展望のFBなロケーション．屋上に立てたバーチカル・アンテナでヨーロッパから18MHzでパイルアップを受けた

三宅島阿古地区の共栄荘．あらかじめ電子メールでアンテナ設置のお願いをしてバルコニーにバーチカル・アンテナを立て，部屋もバルコニー側を割り当てていただいた

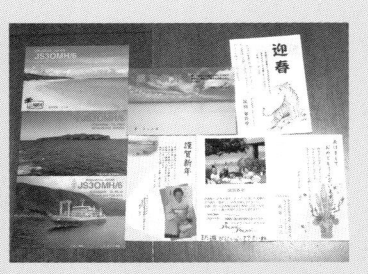

絵葉書として送ったQSLカードといただいた年賀状

Chapter 03

移動運用に役立つ電波伝搬の豆知識

移動運用を楽しむにあたっての豆知識として，電波伝搬（電波の伝わり方）について，お話しします．各バンドの特徴をちょっと意識するだけで，日本全国のみならず海外交信も含めたエキサイティングな交信のチャンスが増えることでしょう．

3-1　移動運用の電波伝搬

電波伝搬には，地上波・電離層反射波・対流圏波の大きく三つの伝搬に分類できます．また，そのほか異常伝搬が発生する場合もあります．

■ 地上波

まさしく，地上を伝搬する電波のことです（図3-1）．

直接波は，送受信が見通し距離にあるときの最も基本的な伝搬です．VHF帯やUHF帯ではこの伝搬が中心になります．高いところに行くほど見通し距離は長くなるので，山の上や展望台が有利だと言われるのはこのためです．

グラウンド・ウェーブ（地表波）は，HF帯以下の伝搬で見られ，地球の丸みに沿って電波が伝搬します．

そのほかに，富士山ビームや丹沢ビームと言われている，山に電波が反射して電波が到達する山岳反射波や，ビーム方向にある山などに沿って電波が曲がり，山の反対側に電波を回り込むという回折波も地上波に含まれます．

■ 電離層

HF帯の電波は電離層に反射して，日本中のみならず世界中に飛んで行きます（図3-2）．電離層は低いほうからD層，E層，F層（F1層とF2層）とありますが，普段はF層でHF帯の電波が反射します．

この電離層の状態が良いことを「コンディションが良い」と表現しています．電離層の状態（電子密度）は，さまざまに変化します．

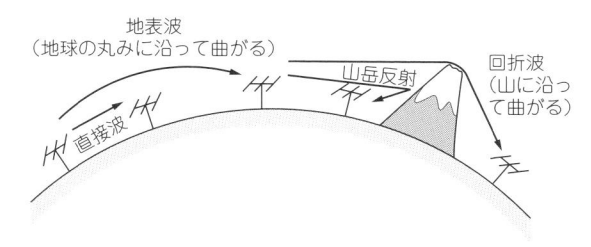

図3-1　地上波の種類

Chapter 03　移動運用に役立つ電波伝搬の豆知識

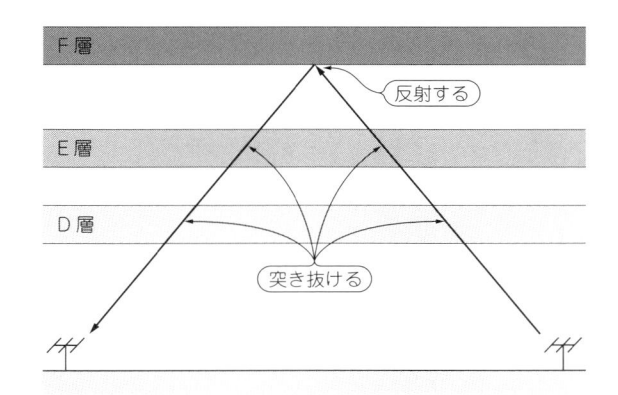

図 3-2　電離層反射波

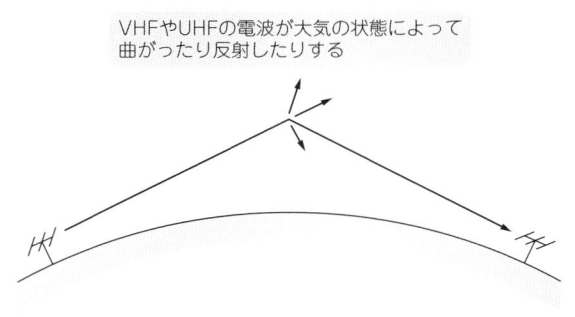

図 3-3　対流圏波

- **11 年周期の変化**（サイクル）

　11 年を周期とする太陽活動のサイクルで増減する黒点の数やフレアの発生に大きく影響しています．

　特に，28MHz などのハイバンドと言われる周波数帯の場合，通常は電離層に反射しにくいのですが，太陽活動の影響で，電離層の密度が高くなることで電波が反射して遠くに到達します．

- **1 年周期の変化**

　1 年の中では，夏に電子密度が高くなります．各電離層の密度が高くなると HF 帯の低い周波数帯（ローバンド）は，電離層での減衰が大きくなり飛びが悪くなってしまいます．

- **1 日周期での変化**

　1 日の中では，昼間が電離層の電子密度が高くなり，通常電離層に反射しにくい HF 帯の高い周波数帯（ハイバンド）で交信が楽しめるようになります．

　そのほか，電離層への電波の入射角によっても左右されます．基本的には，深い入射角（真上に近い角度）では突き抜けてしまうので，電離層に対して浅い入射角（水平に近い角度）で反射させられると遠くに飛んで行きます．

　通常の電離層反射で移動運用を楽しむなら，朝夕の 7MHz，日中のハイバンド，夕方から朝方の 1.9/3.5MHz がお勧めです．

　交信したい地域ごとに，どのバンドでどの時間に運用すればよいかは，CQ ham radio 誌に掲載されている電波伝搬予報のコーナーが参考になります．

■ 対流圏波

　対流圏波とは「ラジオ・ダクト」とよく表現され，VHF や UHF で発生します（図 3-3）．大気の状態（温度，湿度，気圧）が通常と変わった場合，大気中の屈折率の変化が起こり，直進性の強いこれら電波が屈折や散乱しながら複雑に伝搬する現象です．時にはとんでもない遠方まで飛んで行くことがあります．

3-2 異常伝搬

時として，電離層や気象条件により，通常の伝搬では交信しづらい地域が聞こえてくることがあります．その伝搬を上手に利用して，よりたくさんの局との交信を楽しみたいものです．

- スポラディックE層

この異常伝搬では，なんと言ってもスポラディックE層（通称「Eスポ」）が有名です（図3-4）．Eスポは，電離層のE層に局地的かつ突発的に電子密度の非常に高い部分が発生し，通常は電離層を突き抜けてしまうVHFの電波でも反射してしまうのです．Eスポが発生すると，50MHzにおいては小電力で簡単なアンテナでも日本中に電波が届きます．八木アンテナで運用していると海外DXも楽しめることもあります．50MHzがマジックバンドと言われる理由ですね．特に5月から8月にかけて頻繁に発生し，午前10時ごろと夕方にそのピークが来ることが多いようです．

- スキャッター

もう一つ，「Eスポ」と同様に突然発生する現象にスキャッターが上げられます．スキャッターは，いわゆる電波が散乱する現象のことです（図3-5）．21MHzや50MHzで，移動運用を楽しんでいると，突然アンテナを向けている方向とまったく異なる方向から強力な信号をキャッチすることがあります．スキャッターは電離層の乱れや大気の乱れに遭遇し，電波が乱反射して意外な方向に飛んでいく現象で，思わぬ遠方とQSOができることがあります．Eスポと同時発生する場合もあり，Eスポ交信を楽しんでいる方向以外からコールされることがあるので，注意深く聞くことが大事です．

ここまでお話しした電波伝搬に関して，周波数帯ごとに，運用時間帯や運用時発生する好条件も合わせて（表3-1）に整理してみました．参考にしてみてください．

- 電離層への悪影響となる現象

さて，移動運用をより楽しむために好条件の電波伝搬についてご案内しましたが，逆に移動運用において，マイナスとなる現象も二つほどご案内します．

図3-4 スポラディックE層

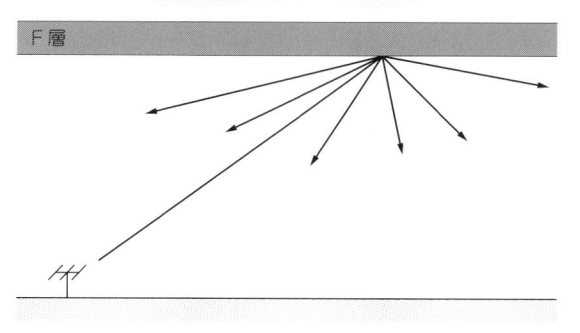

図3-5 スキャッター

Chapter 03　移動運用に役立つ電波伝搬の豆知識

表 3-1　周波数ごと電波伝搬のイメージ

アマチュアバンド	電離層反射	電離層での減衰	お勧めの運用時間帯	運用に際しての好条件
1.9MHz〜3.5MHz	よく反射する	大きい	夜間 (夕方から朝)	F層の活動が落ち着く冬季
7MHz	よく反射する	大きい	昼間：国内，夜間：DX	一年中を通して安定
10MHz〜18MHz	割とよく反射する	割と小さい	国内：昼間 DX：終日(相手局の地域による)	太陽黒点数が多いとき (F層が活発なとき)
21MHz〜28MHz	そこそこ反射する	小さい	昼間 (21MHz は夜間の DX も可)	F層が活発なとき スキャッター，Eスポ，
50MHz〜144MHz	基本的にしない	しない	見通し圏内はいつでも	スキャッター，Eスポ， ラジオ・ダクト
430MHz〜1.2GHz	しない	しない	見通し圏内はいつでも	ラジオ・ダクト

　デリンジャー現象は，21MHz 以下の HF 帯に見られる現象で，日中に突然発生する現象です．太陽から放出された紫外線により D 層と E 層の電離層の密度が上がり，電波が吸収されてしまう現象です．D 層を突き抜けて E 層で反射する周波数帯は影響が出ません．もう一つは磁気嵐です．これは地球規模で発生した磁気嵐により電離層が乱れ通信不能となる現象です．このときは，HF 帯の運用はあきらめて移動先で散策やアイボールを楽しんでください，hi.

3-3　楽しめるバンドの選び方と運用方法

　ここでは，先の電波伝搬をポイントにして移動運用のバンド選択と運用方法を紹介します．どのバンドで楽しもうか迷った際には，ぜひこの項を参考にしてみてください．

■ 四季の中でのオススメは？

　皆さんも，それぞれの季節をさまざまなレジャーで楽しまれていることでしょう．そんなとき，ぜひ無線機をお供にしてみてください．移動運用では，前述の「電波伝搬」というこれまでと違った季節感を味わうことができます．

　移動運用に適した周波数の運用の特徴と，各シーズンの移動運用のオススメ度をまとめてみました（表 3-2）．もちろん，移動運用をしてはいけないシーズンなんてあり得ないので，オススメ度で「×」はありません．「△」は，電離層の状態やワッチしている局数などの条件を考えると，交信がちょっと大変なことを意味しています．太字の周波数は，特に移動運用が盛んな周波数を指しています．

　1 年中移動運用を楽しめるバンドとして HF なら 7MHz，VHF なら 50MHz/144MHz，UHF なら 430MHz がオススメです．

　また，春から初夏にかけてと秋は，18MHz と 21MHz がオススメです．コンディションに左右されますが，日本中との交信が楽しめます．DX では，朝のうちは北米と交信が可能で，日中はアジア・オセアニアの各局と交信でき，夕方からはヨーロッパ，深夜にアフリカとも交信が可能です．

表 3-2 周波数ごとのおススメ度

アマチュアバンド	特 徴	必要な資格	オススメ度 春 3・4・5月	夏 6・7・8月	秋 9・10・11月	冬 12・1・2月
1.9MHz	ほぼ夜間の伝搬です．波長の長いバンドで，フルサイズ・ダイポールでは 80m もの長さが必要です．移動運用ではロング・ワイヤ＋オート・アンテナ・チューナや垂直系の短縮アンテナで楽しんでいる方が多いようです．主に CW モードで運用されていますが，PSK31 などの帯域が狭いデジタルモードなら 4 アマでも運用できます．	4アマ以上	○	△	○	◎
3.5MHz	日没から日の出まで，特に寒い時期は安定して国内 QSO が楽しめます．フルサイズ・ダイポールでは 40m の長さが必要ですが，アンテナ・メーカー各社から，さまざまな種類の移動運用に便利な短縮型アンテナが販売されています．	4アマ以上	○	△	◎	◎
7MHz	年間を通じて安定した国内 QSO が楽しめる一日中とてもにぎやかなバンドです．コンディションが安定していることから，いろいろなアワード向けのサービスなど，移動を楽しむ局がたくさん QRV しています．アンテナは，アンテナ・メーカー各社からさまざま種類が販売されているもののほか自作も手軽にできることから，移動運用の目的や場所に合わせたアンテナを選択することができます．HF 帯における移動運用の中心的なバンドです．記念局もこのバンドを中心に出ているので，記念局ハンターはこのバンドを外せません．	4アマ以上	◎	◎	◎	◎
10MHz	7MHz と 14MHz の中間のバンドで，それぞれの特徴がミックスされた伝搬です．運用には 2 アマ以上のライセンスが必要です．このバンドを含むいわゆる WARC バンドではコンテストが行われることはほとんどなく，純粋な QSO を楽しむ方の穴場的なバンドです．電話モードでの運用は許可されていません．市販アンテナのほか自作アンテナで楽しむ方がたくさんいらっしゃいます．アワード向けサービスの局や記念局も頻繁に出ています．	2アマ以上	◎	◎	◎	◎
14MHz	運用には 2 アマ以上のライセンスが必要です．昼間は国内が安定して開け，のんびりと交信しています．夕方からは DX バンドに様変わり．たくさんの海外局が飛び込んできます．ロケーションの良い所に移動して，DX 局を追いかけている局がたくさんいます．ただし，移動運用を行う局はほかのバンドに比べて少数です．	2アマ以上	○	○	○	○
18MHz	WARC バンドの一つです．わずか 100kHz の狭いバンド幅ですが，多くの局でにぎわっています．春から秋にかけては，国内のみならず海外との交信が楽しめます．14MHz に近い伝搬で，3 アマの方が DX を狙うには最適なバンドです．DX ペディションでも積極的に運用されるので，移動運用での DX 狙いでもチャンスがあります．	3アマ以上	◎	○	◎	△
21MHz	春から秋にかけては 18MHz 同様に，DX 局との交信も楽しめます．HF の入門バンドとして人気があり，国内外のメジャーなコンテストも数多く開催されていることから，たくさんの局と QSO が楽しめます．移動運用に適した高性能で軽量なビーム・アンテナも市販されており，移動先から強力な信号を国内外に届けることが可能です．	4アマ以上	◎	○	◎	△
24MHz	4 アマから出られる WARC バンドです．いつもは閑散としていますが，太陽活動が活発な時期には，たくさんの局との交信を楽しめます．伝搬は 28MHz に近い感じで，午後から夕方に掛けてコンディションが上昇しますが，あまり長く続きません．気まぐれな伝搬ですが，コンディション上昇時に移動運用ができれば，たくさんの局からコールされることでしょう．	4アマ以上	○	○	○	△

Chapter 03　移動運用に役立つ電波伝搬の豆知識

表 3-2　周波数ごとのおススメ度（つづき）

アマチュア バンド	特　徴	必要な 資格	オススメ度 春 3・4・5月	夏 6・7・8月	秋 9・10・11月	冬 12・1・2月
28MHz	バンド幅が広く，HF 帯では唯一 FM モードでの運用が可能です．いつもは閑散としていますが，コンディションが上昇すると，小電力でも意外な遠方まで電波が届き，多くの局の信号が聞こえてきます．コンディションはめまぐるしく変化し，気まぐれです．一瞬にしてコンディションが下降してしまうこともあります．アンテナはさらに小型になるため，移動運用においても多エレメントの八木アンテナを使用する方もたくさんいます．	4 アマ 以上	◎	○	◎	△
50MHz	古くから人気のバンドです．このバンドに出られる環境にある局は多いのですが，冬場は結構静かです．ところが，春先から秋口にかけては，たくさんの移動局と交信できます．特に，E スポによる異常伝搬では小規模な装備でも強力な信号が遠方に届くことからたくさんの局で埋め尽くされます．マジックバンドと呼ばれるゆえんです．ポケット・ダイポールから多エレメント八木を使った局まで，無線機やアンテナなどの装備の幅も本当に広いバンドです．	4 アマ 以上	◎	◎	◎	○
144MHz	最盛期は運用する周波数が見つからないほどの人気のバンドでしたが，現在はかなり落ち着いています．それでも，週末になるとハンディ機やポータブル機で山の上からたくさんの局が移動運用を楽しんでいます．0.5W 以下の QRPp でも，強力な信号を届けてくれます．	4 アマ 以上	◎	◎	◎	◎
430MHz	144MHz と同様に，週末になるとハンディ機を手にしてアクティブに山岳移動を楽しむ方や，車を利用して比較的大きなアンテナを設営して国内 DX を楽しむ方まで，たくさんの方が運用しています．ビーム・アンテナもコンパクトなサイズなので，お手軽運用にオススメなバンドです．	4 アマ 以上	◎	◎	◎	◎
1200MHz	このバンドのハンディ機が再び発売されてから見直され始めました．バンド幅が広いのでのんびりと交信を楽しむことができますが，コンテスト以外での運用局はほかのバンドと比較すると少数です．それでも，見晴らしの良い山の上からの電波は強力です．レピーターも充実しているので，運用局の拡大に期待したいバンドです．	4 アマ 以上	◎	◎	◎	◎

※太字は移動運用局が多いバンド

無線らしい（？）不安定さが魅力的なバンドです．

そして，秋から初夏にかけては 3.5MHz もオススメです．移動運用では，アンテナやその架設場所にひと工夫が必要ですが，モービル・ホイップも各社から販売されていたり，垂直系のアンテナの製作記事が CQ ham radio 誌やインターネット上で公開されたりと，手軽に運用が可能となってきています．

■ 自宅ではできない DX 局との交信を HF のハイバンドで楽しむ（電離層伝搬）

普段は家族や近所に遠慮しながら無線を楽しんでおられませんか？　移動運用は，そんな皆さんを解き放してくれます．家族が寝静まった深夜．フッと起きて無線機のスイッチを入れるとあこがれのアフリカが日本をコールしている．しかし家族は寝てるし…．こんな経験ありませんか？　そんなときは移動運用です．春から初夏と秋には，ハイバンドのコンディションも良く，夕方から

ヨーロッパがオープンし，それからアフリカ，早朝には北米・南米そしてカリブも….

移動運用では，そんな時間帯であっても広々としたフィールドに，フルサイズのダイポールを架設して，思いっきり「ジャパ〜〜ン」って，コールすることができます．移動運用では出力が最大50Wしか許可されませんが，フルサイズのダイポールを上げたら，十分DX局との交信のチャンスが広がります．そして日中は，家族サービスもがんばれます!?

■ **やっぱり50MHzは止められない**（異常伝搬）

昔から，たくさんの移動局がこのバンドの魅力にとりつかれてメインバンドとしています．QRPの無線機に全長3mのダイポールでも，移動運用では「標高」という高さに助けられて，たくさんの局と交信ができます．また，春から夏にかけて発生する「Eスポ」「スキャッター」といった異常伝搬には，いつも驚きと興奮を感じます．

関東平野の小高い山で見通し距離の交信を楽しんでいると突然北海道や九州からコールされたり，韓国やはるかオーストラリアからもコールされます．お手軽な装備でも十分に楽しめる欲張りなバンドです．

■ **上を目指そう!?**（地上波）

144MHzや430MHz帯は，基本的に電離層反射しません．つまり，直接波が届く範囲が交信範囲です．そのため，移動運用では「標高」という利点を生かして交信を楽しみます．標高2,000mや3,000mといった山岳ではなくとも，見晴らしの良い山であれば強力な信号を相手局に届けられます．都市部であれば，ビルの屋上なども絶好のロケーションとなるでしょう[※1]．また，山頂まで車で行ける山を探して，ドライブついでに無線運用をしてみてください．さらに，近所の河川の

Column 3-1 コンディションに恵まれたタイミング
コンパクト・アンテナとQRPでDX

2010年冬．千葉県我孫子市（GL：QM05AU）の「けやきプラザ展望デッキ」で行われた，8J1ABIKO我孫子市制40周年記念局の公開運用での出来事！

この季節，電離層密度が低下してF層反射を利用するHF帯のコンディションが最悪と思われがちですが，突如としてコンディションに恵まれたタイミングがありました．

21MHzで入感したCW信号は…，ZL8X（Kermadec Islands）南太平洋ニュージーランド領のケルマディック諸島でした．使用設備はFT-817（5W）＋MP-2（コンパクト・スクリュー・ドライバー・アンテナ）．こんな設備で応答があるわけがないだろうと誰もが思っていました．

そのとき，奇跡が，「8J1ABIKO/1」de ZL8Xと応答がありました．感動のあまりワンテンポ遅れてRSTを送り交信成立!! 引き続き18MHz SSBで運用中のZL8Xを発見！

SSBは，QRO局が多い状況でしたが再び奇跡が…．メンバー全員が感激しました．

それ以来，移動運用＆固定でのDX交信に目覚めてしまいました．

JJ1JWE

使用したアンテナはSuper Anntenas社のMP-2

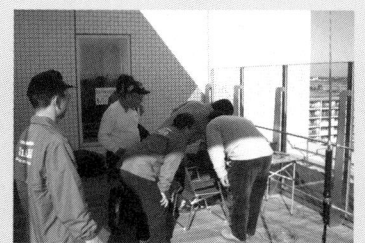

ZL8Xと交信中

土手に上がってみてください．川面の下流（上流）は開けていませんか？　小型のハ木アンテナを簡単にセットして，開けた方向に向けてみてください．散歩がてらに移動運用を楽しめるはずです．

■ 田んぼに水が張られたら，それは移動運用開始の合図！？

春になって，広大に広がる田園に水が張られ出したら，それは間違いなく移動運用開始の合図です．HFでは電離層の密度が上がり，VHFでは待ちに待った「Eスポ」シーズン到来です．そして，田園風景の中で運用してみると，コンディション上昇と水面反射のおかげで，さらに電波の飛びが良くなる感じです[※2]．

■ 海水浴には無線機をお供に

海水浴にHF無線機を持って行き，早朝や夕方の海水浴客がいない浜辺で運用してみてください．アンテナは，本書でも紹介しているMP-1などの小型のスクリュー・ドライバー・アンテナやモービル・ホイップなどの垂直系アンテナが適しています．カウンターポイズは波打ち際にセットしてみてください．抜群のアース効果を発揮します．そして，打ち上げ角の低いこれらアンテナから発射された電波は海面反射の好影響を受け遠距離交信を可能にしてくれます．

3-4　大自然の変化を感じてみてください

さて，移動運用を楽しむにあたっての豆知識として，電波伝搬と各バンドの特色をお話させていただきました．11年周期，四季での変化，1日の中での変化など，電波伝搬は一日として同じ状況はないと言えるでしょう．ちょっとした知識と工夫があれば，その時々の状況下で移動運用を楽しむことが可能です．これまでと違った大自然の変化を，アマチュア無線を通じて感じられると思います．ぜひ，そんなことを心にとめて移動運用を楽しんでください．

〈JI1SAI　千野　誠司（ちの　せいじ）〉

[※1] ビルの屋上や展望台などでの運用には，許可が必要な場合もあるので，事前に確認が必要です．また，回りの方のご迷惑にならないように十分な配慮が必要です
[※2] 田植えの時期などは，農耕車や農作業の邪魔にならないように注意を払ってください．また，公道に駐停車しての運用は控えましょう

Column 3-2　あまりの遠距離に思わず絶句した交信

20年以上も前のこと．茨城県の筑波山中腹にある駐車場（現在は閉鎖）に車で移動し，430MHz FM出力10W＋モービル・ホイップからオンエア．8月のお盆のころで，午後の日差しがまだ強い時間帯でした．CQを出して何局かと交信しているうちに「ポータブル9」と聞こえました．間違いか…？と思いながらコールサインを確認すると，間違いなくポータブル9で立山登山のハンディ機からの交信でした．

まさかの遠距離，しかも交信相手がハンディ機．こちらはモービル・ホイップ．言葉に詰まってしまいました．

後日，QSLカードも届き，間違いなく交信したことを確認しました．

JR1DTN

Chapter 04

使い方は人それぞれ
移動運用を楽しむためのアンテナ選び

4-1 移動運用に使うアンテナの選択ポイント

　ロケーションの良い広い場所での移動運用は「少しでも遠くの局とたくさん交信したい」というアマチュア無線家の夢を実現できるときです．自宅では何かと制限があるアンテナも，移動運用では気兼ねなく選択できます．ここでは，あなたにとっての移動運用で最適なアンテナ選びについて紹介します．

■ 移動用と固定用はどう違うか

　市販のアンテナでは「移動用」「固定用」と区別されて販売されているケースは少なく，移動用とあっても固定用と比べてアンテナの性能には大きな違いはありません．移動用のアンテナが固定用と違うところは，設営工具がほとんど不要であったり，サイズが同じでも軽くコンパクトに収納できるという特徴がある点です．

　また，常設する固定アンテナには，年間を通じて台風などの強風にも備えるしっかりとした強度が求められますが，移動用アンテナは短期間の使用なのでそれほどの強度は必要とされず，できるだけ早く手軽に設営できるように軽量化や持ち運びに便利なよう収納がコンパクトとなるアンテナ構造となっています（**写真 4-1**）．

■ 移動目的別アンテナ選びのポイント

　移動運用とひと口にいっても，ハンディ機1台から，いつものモービル局から出るお手軽移動運用，そして，コンテスト向けに固定局顔負けの大型アンテナを設置した移動運用もあります．また，同じバンドを運用する場合でも，その運用形態によって使われるアンテナが大きく違ってきます．

　ここでは移動目的別に特徴を紹介します．

● モービル運用

　お手軽移動局としての代表格は，モービル運用の「ホイップ・アンテナ」です．マイカーに取り付けたアンテナ基台にホイップ・アンテナを取り付ければ，マストやステーなどのアンテナを支える装備の必要がありません．車内にセッティングされたモービル機は使いやすく，一度設置してしまえば運用に必要な特別な準備は不要で，いつでも運用が可能です．

　気軽にドライブ気分で移動運用に出かけられ，ロケーションの良い場所に足を伸ばせば驚くほど遠くの局と交信できるチャンスが広がります．

　また，最近数多く販売されている，全長2mほどのコンパクトで高効率な短波帯のモービル・ホ

Chapter 04　使い方は人それぞれ　移動運用を楽しむためのアンテナ選び

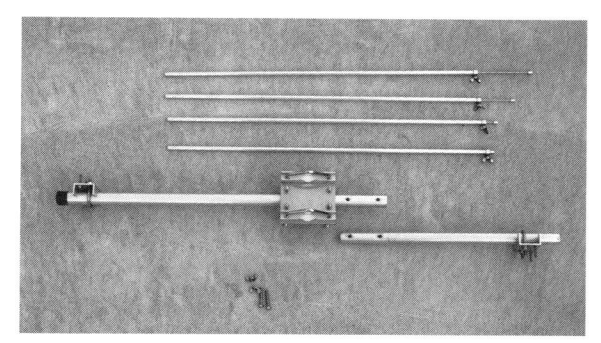

写真 4-1　移動運用専用アンテナはコンパクトに収納できる工夫がされている

写真 4-2　モービル局なら普段車に付けているモービル・ホイップがもっともお手軽なアンテナ

写真 4-3　コンパクトなスクリュー・ドライバー・アンテナなら持ち運びも簡単

イップ（**写真 4-2**）を使えば，気軽に全国の局との交信できることでしょう．

● お手軽移動運用

最近流行している低山ハイキングなど，見晴らしの良い場所での徒歩運用といえば「V/UHF ハンディ機」のイメージでした．しかし FT-817 に代表されるコンパクト・ポータブル機を使えば，今まで重装備が必要でお手軽運用には向かなかった HF バンドでも，手軽に運用ができるように大きく様変わりしてきました．

そんなコンパクト・ポータブル機に合わせ，徒歩でも持ち運びできるロッド・アンテナやスクリュー・ドライバー・アンテナ（コイル可変型アンテナ）など，お手軽運用が人気です（**写真 4-3**）．コンパクトな HF 帯のアンテナでも，ロケーションが良ければ短縮アンテナとは思えない飛びを体感できます．

● クルマを使った移動運用

クルマにタイヤ・ベースを使って長さ 4.5m 程度のポールを立てれば，設置できるアンテナにかなりバリエーションが広がります．お手軽移動運用の次には，これを目指しましょう．

ステーを張ると安心度は格段に増しますが，

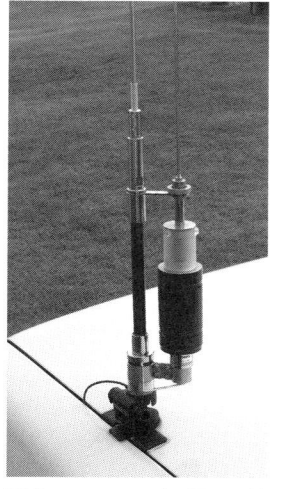

50MHz の 2 エレ HB9CV 程度の軽いアンテナならノーステーでも大丈夫でしょう．V/UHF 帯の GP でもかなり楽しめるはずです．また，移動運用向けの軽量 HF 帯 V ダイポールも市販されているので，自分のニーズに合わせて，各バンドのアンテナが選べます．

ステーを使わずにアンテナを上げるときは，ポールの強度や傾き，周りの状況などを十分考慮したうえで行ってください．状況によっては，アンテナを下げ気味にする，もっと小型のアンテナにするなどの安全への配慮が必要です．

● 本格的コンテスト向け移動

コンテストに参加するための本格的移動運用のアンテナは，時として高さ 10m を超えるマストに大型の八木アンテナを設営することもあります．参加する部門「シングルバンド」「マルチバンド」また入賞に向けた意気込みによって，準備するアンテナが変わってきます．コンテストの開催時間

写真 4-4　コンテスト移動時は目的に合わせたアンテナを準備する．50MHz では水平偏波用と垂直偏波用にそれぞれアンテナを準備

写真 4-5　道の駅で釣り竿ホイップを使って運用中

帯に効率良く多くの局と交信するためには，高利得の指向性八木アンテナだけでなく，無指向性のグラウンド・プレーン・アンテナなどが有効な場合もあります（**写真 4-4**）．

マルチバンドでの参加の場合，多くのバンドのアンテナを設営するため，アンテナ同士の干渉が気になります．このため，運用時間帯ごとのベストバンドのアンテナだけを設置することもあります．短時間に設営・撤収する方法やマルチバンド・アンテナの活用など，できるだけ効率の良いアンテナ設営作業が入賞への鍵となります．

● 道の駅移動

7MHz などを中心に「道の駅アワード」という，全国の道の駅での運用する局と交信を対象としたアワードが人気です．道の駅での運用は，基本的に駐車場での運用なので，狭い駐車スペース内にアンテナを設営する工夫が求められます．

この省スペース運用で活躍しているのが「釣り竿アンテナ」と呼ばれる垂直系のアンテナです．これは，電導性がないグラスファイバ製の釣り竿を利用したホイップ・アンテナ（**写真 4-5**）で，コイルを使った共振タイプやオート・アンテナ・チューナを利用したロング・ワイヤ・アンテナがあります．

このアンテナは，大手メーカーの市販品はありません．自作するかハムフェアやなどのアマチュア無線のイベント，通信販売で入手できます．

■ バンド別移動用定番アンテナ

移動用によく使われるアンテナをバンド別に紹介します．

● HF ローバンド

HF ローバンドでは，アンテナ長が長くなるため，ワイヤ・アンテナでの運用が一般的です．7MHz 帯では，フルサイズ・ダイポールやエレメントの端から給電するツェップ型アンテナ（**写真 4-6**）が比較的簡単に設営できるのでよく使われています．しかし，1.9MHz 帯や 3.5MHz 帯では，アンテナを高く直線的に展開できる移動地は限られてしまうので，途中にコイルを入れた

Chapter 04　使い方は人それぞれ　移動運用を楽しむためのアンテナ選び

写真 4-6　エレメントの片側から給電するツェップ型アンテナは設置に便利

写真 4-7　50MHz も運用できるマルチバンド V 型ダイポール

短縮ダイポールが活躍しています．
　また，広い運用場所を活用したロング・ワイヤとアンテナ・チューナの組み合わせによるアンテナも，調整が簡単なのでよく使われています．
● HF ハイバンド
　HF ハイバンドは，14/21/28MHz そして WARC バンドと多バンドになるので，1 本の同軸ケーブルで多くのバンドが運用できる，マルチバンド・アンテナが便利です．
　「バンザイアンテナ」と呼ばれる V 型のロータリー・ダイポール（**写真 4-7**）は，水平型のダイポールより大地の影響が少ないので，高い位置にアンテナを設置しづらい移動運用でも重宝します．またハイバンドだけでなく 7MHz と 50MHz も運用ができるタイプも有ります．
　また，八木や HB9CV も，HF ハイバンドでは比較的小型になるので人気があります．
● 50MHz 帯
　Es（スポラディック E 層）が発生すると，遠距離の局がローカル局並みの強力なシグナルで聞こえる 50MHz は，マジックバンドと呼ばれ，入門者からベテランまで人気があるバンドです．Es がよく発生する時期が，移動しやすい時期と重なるので，移動運用が盛んに行われています．
　このバンドでよく使われているアンテナは，ヘンテナなどのコンパクトなアンテナから 7 エレ八木などの大型アンテナまでさまざまです．朝方のグラウンド・ウェーブを狙うのであれば，大型の八木アンテナが有効ですが設営が大変です．ロケーションの良い高台での運用や Es 発生時の運用では，2 エレ HB9CV クラスの小型アンテナ（**写真 4-8**）のほうが使いやすく効率的なので人気があります．
● V/UHF 帯
　見通し距離での通信が主となる V/UHF 帯の移動運用は，アンテナの性能よりもロケーションの良い高所に移動することが一番です．大都市圏に近い山頂などから運用すると，無指向性アンテナでも驚くほど多くの局と交信ができるので，グラ

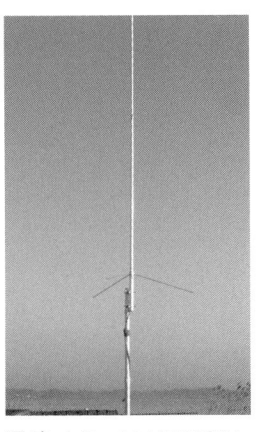

写真 4-8 小型軽量で扱いやすい HB9CV

写真 4-9 144/430MHz 帯用高利得グラウンド・プレーン・アンテナ

写真 4-10 トラップコイル付きのマルチバンド・ワイヤ・ダイポール

ウンド・プレーン・アンテナ（**写真 4-9**）がよく使われます．また，高性能の多素子八木アンテナを使えば，見通し距離をはるかに超える交信も可能で，その魅力にはまる移動局も少なくありません．

■ 移動に使うアンテナの特長，どんな種類がよいか，メリット・デメリット

さまざまな種類があるアンテナ．種類ごとにどのような特長があるかを紹介します．

● ダイポール・アンテナ

メリット：アンテナの基本でもあるワイヤ・ダイポール（**写真 4-10**）は，簡単な構造で手軽に自作することが可能です．またアンテナ線と給電部だけのシンプルな構造なので，軽量でコンパクトなアンテナとして特に HF ローバンドでよく使われます．

デメリット：アンテナの基本形であるダイポールは，八木アンテナのように大きな利得を得ることができないため，HF ハイバンド以上では，力不足を感じることがあります．

写真 4-11 コイルの交換とエレメントを伸縮させて運用バンドを変えるマルチバンド八木

● 八木アンテナ

メリット：反射器と導波器を持つ多エレメント八木アンテナ（**写真 4-11**）は，ダイポールでは聞こえないシグナルを捕らえることができるなど，特に海外局との DX 交信を狙う HF ハイバンドや V/UHF 帯の移動運用では大きな魅力となります．またロケーションが良い場所での休日・祭日の運用では，混信が激しく運用する周波数が確保できない場合でもアンテナの指向性で混信から逃げる

Chapter 04　使い方は人それぞれ　移動運用を楽しむためのアンテナ選び

写真 4-12　高く上げたマストの先端に取り付けたグラウンド・プレーン

写真 4-13　三角形という特徴的なスタイルのデルタ・ループ

写真 4-14　垂直系の接地型アンテナはアースが重要

ことができます．

デメリット：基本的にアルミ・パイプでの構成となるので，大型化するほど構造を強化するために重量が増し，取り扱いに苦労します．また，アンテナ部品の点数が多いので，設営に時間がかかったり部品を紛失したりするなどのトラブルが起こりがちです．さらに，マストをはじめとする，アンテナを自立させるシステムが必要なうえ，アンテナの向きを変えるためのローテータなどの回転システムの使用を迫られることもあります．

● グラウンド・プレーン（GP）

メリット：グラウンド・プレーン（**写真 4-12**）が持つ無指向性という特性は，広く多くの局との交信を目的とした移動運用に適しています．特にV/UHF 帯での定番アンテナとして，多くの局が活用しています．また垂直アンテナのため小さなスペースで済み，ポールのトップに取り付ければ簡単に設営が可能です．

デメリット：無指向性のため，高いアンテナ・ゲインは望めません．V/UHF 帯では，5/8λ×3段などの全長を長くしてゲインを稼ぐタイプもありますが，八木アンテナのように大きなゲインを得ることができないため，八木アンテナでは聞こえるシグナルが聞こえないことがあります．

● ループ系アンテナ（ヘンテナ，キュビカル・クワッド，デルタ・ループなど）

メリット：開口部が広いループ・アンテナは打ち上げ角が低く，特に HF バンドなど DX 通信に強いアンテナです（**写真 4-13**）．

デメリット：複雑なアンテナの構造上，強度的に風に弱くなってしまいます．また高インピーダンスとなるため，直接給電することができずバランなどによるインピーダンス変換が必要になります．

- ● 接地系アンテナ（モービル・ホイップ，バーチカル・釣り竿アンテナなど）

メリット：垂直アンテナなので，設営スペースがあまり取れない運用地でも簡単に設営ができます．また，打ち上げ角が低く意外と DX 通信に有効です．特にモービル・ホイップは，設置に手間がかからないのでお手軽移動運用にお勧めのアンテナです（**写真 4-14**）．

デメリット：ホイップ系アンテナは接地型アンテナと呼ばれ，カウンターポイズなどの RF グラウンド（高周波アース）が必要です．また地上高を高くすることが難しいため，周辺のノイズを拾いやすく苦労するときもあります．

- ● オート・アンテナ・チューナ（ATU）＋ロング・ワイヤ

メリット：良好な RF グラウンドと任意長のロング・ワイヤ（アンテナ線）があれば，ボタン一つでチューニングが完了し，すぐに運用が可能です（**写真 4-15**）．わずか数 m のワイヤ・エレメントがあれば運用が可能となり，運用場所を選びません．

デメリット：ATU に組み合わせる無線機が限られる場合があります．汎用 ATU もありますが，ある程度の初期投資が必要です（5 万円前後）．ホイップ・アンテナなどと同様の接地アンテナなので，良好な RF グラウンド（カウンターポイズなど）が必要です．

■ 移動運用のアンテナ・ワンポイント・アドバイス

移動運用に使うアンテナについて，いろいろな疑問が出てくるのではないでしょうか．ここにいくつかの例を紹介しましょう．

- ● トップバンド（1.9MHz）のアンテナはどうしていますか

フルサイズ・ダイポールの全長が約 80m にもなるトップバンドは，自宅へのアンテナ設営は難しいので，移動での運用は魅力的です．

しかし実際には，移動運用にでかけてもそれほどの長さのアンテナを展開できる広いスペースの移動地は少ないもので，皆さんは工夫してトップバンドの運用にトライしています．

一番お手軽な方法は，ATU と約 20m 以上のロング・ワイヤを使った運用方法です．エレメント長の調整を気にせずに，ボタン一つで簡単に運用ができます．このアンテナ・システムで重要なのはアースです．自動車を使った移動運用の場合は，車体へのボディ・アースが効果的です．また，海岸や川原など良好なグラウンド・アースが期待できる場所では，フルサイズ・ダイポールにも負けない飛びを体感することがあります．

一方，自作の釣り竿ホイップ・アンテナでトップバンドを楽しんでいる方もいます（**写真 4-16**）．

写真 4-15　ATU＋ロング・ワイヤはマルチバンドに手軽に QRV できる

Chapter 04　使い方は人それぞれ　移動運用を楽しむためのアンテナ選び

写真 4-16　小さなスペースで OK．1.9MHz 用釣り竿ホイップ・アンテナ

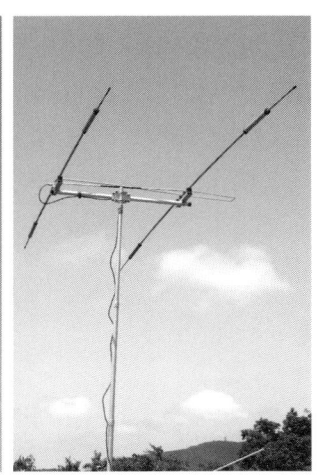

写真 4-17　どちらも同じ周波数のアンテナ（21/28/50MHz 帯用）．目的や地形によって使い分けよう

　いままで最高なロケーションだと感じていながら，1.9MHz のアンテナの設営をあきらめていた場所でも，釣り竿ホイップ・アンテナなら駐車するスペースがあれば運用が可能です．

　釣り竿ホイップ・アンテナは，これまでのトップバンド運用のイメージを変えるアイテムかもしれません．

● どの移動用アンテナが一番いい？

　移動運用で一番良いアンテナは，必ずしも高性能なアンテナとは限らず，その場所に合ったアンテナが一番良いアンテナとなります．例えば，高ゲインの八木アンテナより GP のほうがその場所では運用に適していることもあります．無理して展開するフルサイズ・アンテナよりも，移動地の地形にマッチしたサイズの短縮アンテナを高く上げたほうが良い場合もあります（**写真 4-17**）．

　また，同じ移動地ポイントでも「この場所にアンテナを立てれば一番良く飛ぶ」という過去の経験からアンテナを設営する場所を選ぶ場合もあります．

　アンテナを自作したり，市販のアンテナを少し改造したり，自分の運用方法とその場所に合ったアンテナが一番良く飛ぶ移動アンテナとなります．

　いつものお気に入りの移動運用地が，最高のアンテナを生み出す研究所なのです．

● 地方でなかなかアンテナ機材が手に入らない

　日本の代表的な電気街である秋葉原や大阪日本橋でも，近所の人以外はなかなか出かけにくいものです．

　でも，無線機やアンテナ本体以外の移動運用に必要な機材は，ハムショップ以外で見つけて，活用していることが多くあります．例えばアンテナを支える三脚は，ホームセンターで見つけた投光ライト用の三脚であったり，ポールを支える大きな杭は釣具店で見つけた磯釣り用の竿受けであったりします（**写真 4-18**）．ダイポールに使うエレメントも，ホームセンターで売っている電線（ビニル線）でかまいません（**写真 4-19**）．

　スポーツ・ショップのアウトドア用品のコーナーでも，アンテナの設営に最適なアイテムを見

移動運用で楽しむアマチュア無線

写真 4-18 マストの固定には釣具店で見つけた竿受けを使用

写真 4-19 市販のバランと電線を組み合わせれば立派なダイポールに

つけられます．100円ショップではアンテナの部材や小物の整理アイテムなど，移動に便利なグッズを安く手軽に発見できますよ．

■ 移動シーズンの向けて

移動に出かけたくなる移動シーズンはすぐにやってきます．アンテナや機材をどうしようかと考えることは楽しいひとときですが，とにかくいろんなことをやってみる人は，どんどん移動運用の達人になっていきます．そして実際の移動運用には，新たな発見や工夫のヒントがみつかります．

また，移動地で偶然アマチュア無線家に出会ったら声をかけてみましょう．運用スタイルは人によってさまざま，アンテナも人によってさまざまな工夫があるので，自分にとって大いなる刺激になると思います．

まずはどんなものでもよいので，アンテナを持ってお手軽な移動運用からチャレンジしませんか．今までの運用とは違った発見や楽しい出会いが，きっと待っていると思います．

〈JL3JRY　屋田 純喜（おくだ じゅんき）〉

4-2　Super Antennas MP-1 の使い方

コンパクトながら電波の飛びに定評がある，Super Antennas 社のスクリュー・ドライバー・アンテナ MP-1 の使い方を紹介します．

■ MP-1 とはこんなアンテナです

MP-1 アンテナ（**写真 4-20**）は，スクリュー・ドライバ（コイル伸縮型）構造のアンテナです．ローディング・コイルを伸縮させ，1本のアンテナで HF 帯（7MHz）〜UHF 帯（430MHz）までのバンドを運用することが可能です．オプションの MP-80 コイルを装着すると，3.5MHz にも QRV できます．

分解時のパーツ寸法は 32cm 以下，重量も 1kg 弱と軽量コンパクトで使いやすく，移動先では場所をとらず短時間で簡単に設置ができます

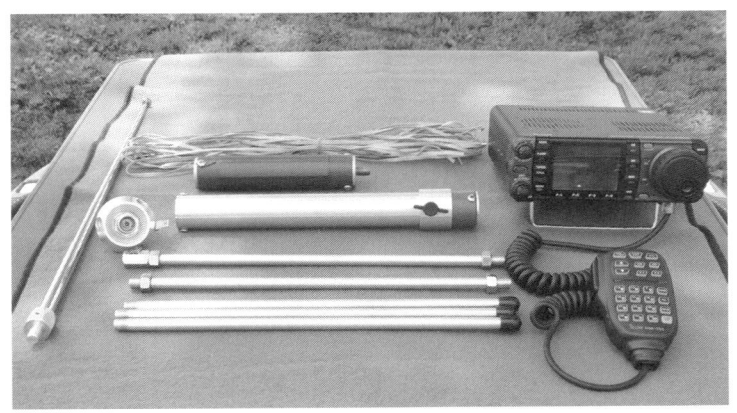

Chapter 04　使い方は人それぞれ　移動運用を楽しむためのアンテナ選び

写真 4-21　組み立て前の MP-1（三脚スタンド，MP-80，トランシーバを含む）

写真 4-20　MP-1 全体

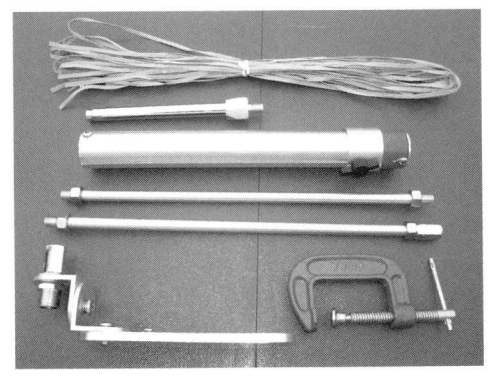

写真 4-22　MP-1 の標準セット

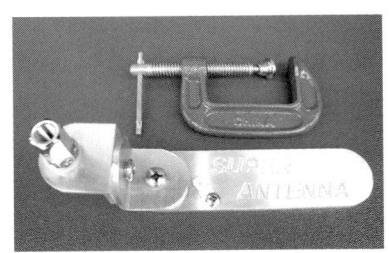

写真 4-23　付属のユニバーサル・マウント

（**写真 4-21**）．しかも耐入力電力が大きいので移動 50W 運用でも安心して使用できます．

また，チューニング操作も簡単で，運用周波数（バンド）に合わせてホイップの長さやコイルの長さを手動で上下調整するだけで使用できます．各運用周波数での同調を最良にできるので，高能率で電波の飛びが良くなります．

もちろん，コンディションが良ければ DX 交信も可能です．当局は，このアンテナで韓国・中国・グアム・フィリピンなどと QSO を楽しみました．最近は，お手軽移動運用アイテムとして人気が急上昇中です．

■ MP-1 の使い方

それでは MP-1 の使い方について説明します．

● 付属のユニバーサル・マウント使用時の組み立て・取り付け方法

まずは，標準部品（**写真 4-22**）であるユニバーサル・マウントを使った組み立て・取り付け方法からです．

① ユニバーサル・マウント（**写真 4-23**）を頑丈なテーブルや金属製の手すりなどに C クランプでしっかり固定

② 52Ω コネクタの"ナット"にベース・ロッド 2 本を取り付ける

③ ローディング・コイルを上下方向に注意して取り付ける

④ ホイップ・アンテナを最長にした状態で取り付ける．50MHz 運用時は，最短状態から伸ばしたほうがよい

⑤ ラジアル線（カウンターポイズ）をユニバーサル・マウントのカウンターポイズ端子に接続して放射状に地面にはわせる

⑥ M 型コネクタ付き同軸ケーブルをアンテナと無線機に接続する．3D-2V や 5D-2V で十分

⑦ MP-1 が垂直になるようにユニバーサル・マウントの角度調整をしてボルトでしっかり締める

⑧ アンテナの組み立てが完了（**図 4-1**）

● オプションの Tripod 使用時

次にオプションの Tripod（三脚）を使った組み立て・取り付け方法です．

① 給電部ブロックに脚をねじ込み 3 本取り付ける（**写真 4-24**）

② Tripod の"ナット"にロッド 2 本を取り付ける

③ ローディング・コイルを上下方向に注意して取り付ける

④ ホイップ・アンテナを最長にした状態で取り付ける．50MHz 運用時は最短状態から伸ばしたほうがよい

⑤ ラジアル線を Tripod のアース端子に接続する

⑥ ラジアル線（カウンターポイズ）を放射状に地面にはわせる

⑦ M 型コネクタ付き同軸ケーブルをアンテナと無線機に接続する

⑧ アンテナの組み立てが完了

144/430MHz 帯を運用する場合は，ロッド

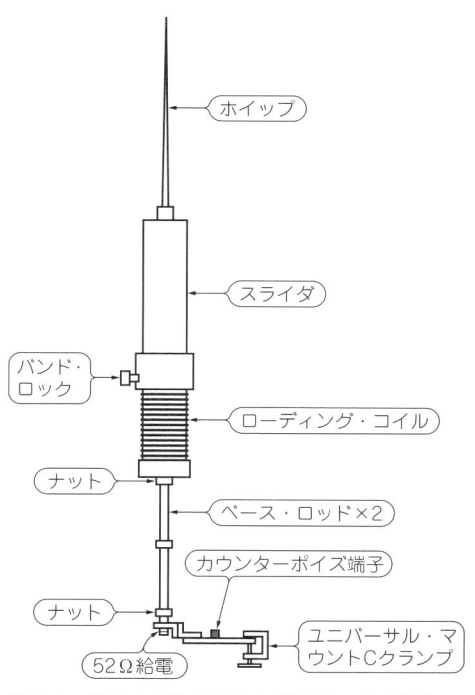

図 4-1 組み立て後の MP-1（各部の名称説明）

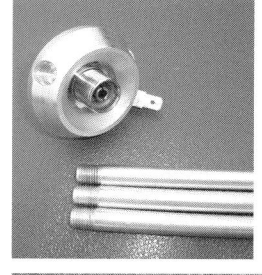

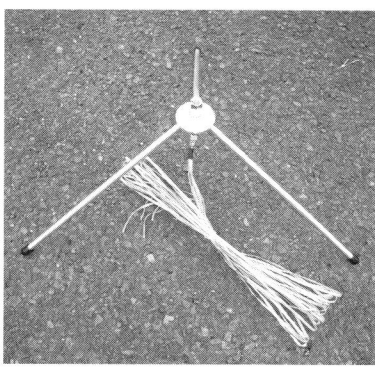

写真 4-24 組み立て前の Tripod（上）と組みあがった Tripod（下）

写真 4-25 144/430MHz ホイップ・アンテナ

Chapter 04　使い方は人それぞれ　移動運用を楽しむためのアンテナ選び

とローディング・コイルを外し，マウントに直接ホイップ・アンテナを取り付けます（**写真 4-25**）．

● 調整方法

① アンテナが垂直になるようにユニバーサル・マウント角度調整または，Tripod（三脚）の置き場所を変えて調整する

② 希望する周波数にスライダを上下させ，説明書に付属している各バンド目盛り用紙（**写真 4-26**）の寸法に合わせる．写真は 7MHz 調整時のようす．目盛り用紙の代わりに 30cm 定規などを使用して，各バンドのチューニング位置をマーキングした同調点スケール（**写真 4-27**）を自作すると次回からの調整がさらに簡単になる

③ 微調整を行うときは，アンテナ・アナライザ（**写真 4-28**）や SWR 計を使用する

④ 微調整が完了したらバンド・ロックを締めてスライダを固定する．強く締め付ける必要はない

■ 注意

組み立て時には次の点に注意してください．
① ネジ部品は，アルミニウム材料が使われているので，アルミかすが付着した状態で取り付けると，ネジの締まりが悪くなる（**写真 4-29**）
② 無理にねじ込むと故障の原因になる
③ 常にネジ部分を掃除してきれいな状態を保つようにする
④ 導電グリスを使用すると組み立てが楽になる
⑤ バンド・ロック（**写真 4-30**）はプラスチック部品のため，強く締め付けると破損することがある

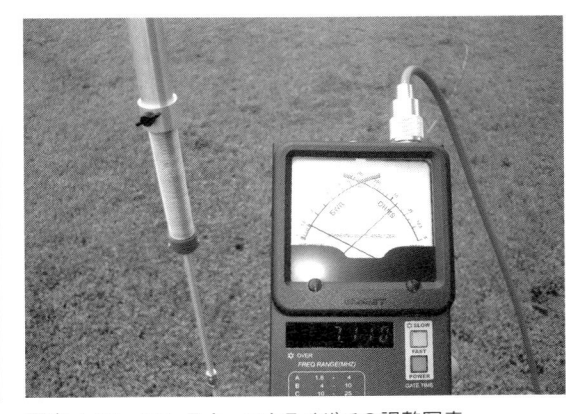

写真 4-28　アンテナ・アナライザでの調整写真

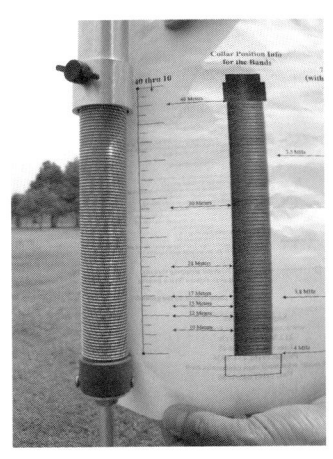

写真 4-26　説明書に付属している目盛り用紙

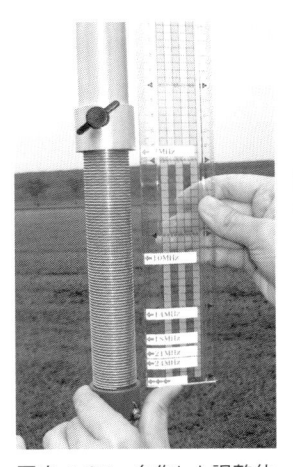

写真 4-27　自作した調整位置目安スケール

写真 4-29　アルミかす

写真 4-30　バンド・ロック拡大写真

■ 調整の裏技

調整時に知っておくと便利な技があります．
① スライダの微調整は，指先でコイルをつかむように触れて，山谷の感触から0.5～1mm単位で上方向にスライドすると，調整がスムーズに行える（同調周波数の高いほうから低いほうに徐々に調整する）
② ラジアル線を幅広電線（5本平ワイヤなど）に変更するとSWRが安定する．
③ アルミ・レジャー・マットを敷くとさらに効果的

■ 最後に

80mバンド（3.5MHz）を楽しみたい方のために，オプション・コイルのMP-80（**写真4-31**）が用意されています．

MP-1は，7MHz（3.5MHz）から430MHzまでの全アマチュアバンドが楽しめる便利なアン

写真4-31　3.5MHz用オプション・コイルMP-80

テナです．これを移動運用のセットに加えておけば，「出たいバンドのアンテナがない！」という悔しい思いをすることはなくなります．もちろん電波の飛びも満足できるでしょう．

移動運用の新しいお供にいかがですか．

〈JJ1JWE　神戸　稔（かんべ　みのる）〉

4-3　多バンド切り替え式ギボシ・ダイポール

■ 簡単に作れるギボシ・ダイポール

私は，「別冊CQ ham radio 3月号（1993年）」に掲載されたJQ1SYQ 西野氏の記事を見て「ギボシ・ダイポール」を10年以上前に作り，今でも移動運用で使用しています（**写真4-32**）．

最初はバランを入れないで使用していましたが，現在は自作のバラン（**写真4-33**）とともに愛用しています．このアンテナはビニル線で簡単に作れるうえに，とてもコンパクトなので（**写真4-34**），車に積みっぱなしにしています（構造が簡単なせいか10年以上壊れなくて長持ちしています）．

■ ギボシ・ダイポールの概要

ギボシ・ダイポールの寸法を**図4-2**に示します．この図では片側のみを表しているので，これと同じものをもう1本作ります．バランを使う場合は，市販品の1：1バランを使うと便利で丈夫です．でも，自作も簡単なうえに安上がりです．

■ 設置と調整

図のとおりに製作しても，無調整で使えるとは限りません．実際に設置した状態で，カット＆トライの調整が必要でしょう．ただ，多少マッチングがずれていても，パワーがさほど大きくないので気にせず使っていました．hi．マニュアル・

Chapter 04　使い方は人それぞれ　移動運用を楽しむためのアンテナ選び

図 4-2　ギボシ・ダイポールの寸法

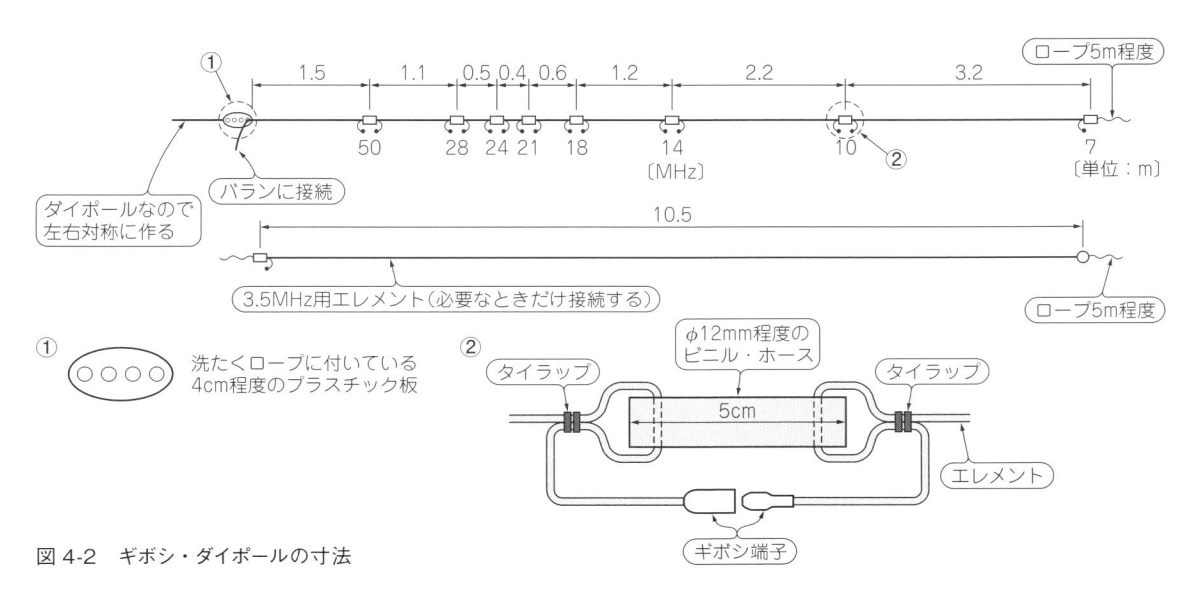

写真 4-32　ギボシ・ダイポール設置状況

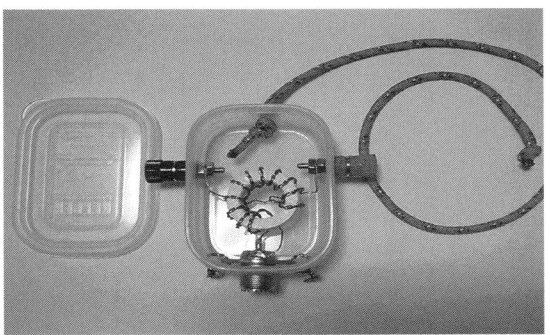

写真 4-33　自作バラン

　チューナを使うこともたまにあります．3.5MHzのエレメントは，運用時にだけ装着します．

　アンテナは，タイヤ・ベースを使って立てたマストを中心に，左右に引き下ろす逆Vの形で設置しています．エレメントの先端にロープを取り付け，ペグで地面に固定します．

　設置はなるべく高くが基本です．給電部だけでなく，エレメントの末端もペグでそのまま地面に固定せず，なるべく高く上げるようにします．

写真 4-34　ギボシ・ダイポールをまとめた状態

山地などで木があればそれを利用します．木にケーブルを結ぶ方法は，最初に細いロープに重しをつけて投げて，木の枝に絡めます．次にそのロープにアンテナ線をつないだロープを結び，手繰り寄せます．

移動地の状況に応じて設置の方法を選択すればよいのではないかと思います．

■ 運用して

コンパクトなダイポールですが，普通のダイポールとなんら変わらない性能があります．国内はもとより，韓国から東南アジア各国と交信ができています．やはり，垂直系のモービル・ホイップよりは飛びますね．

〈JA1FLG　小野 眞裕（おの まさひろ）〉

4-4　移動運用で 1.8/1.9MHz を楽しむために

アマチュア無線に許可されている中波帯（MF）を運用してみませんか？　3アマ（同等資格も含む）以上のライセンスの方なら問題なく運用できます．さらに4アマの方でも，1.9MHz であれば PSK31 のような帯域が 100Hz 以下のモードで運用ができるようになりました．

■ 移動運用で 1.9MHz に QRV

1.9MHz には 2004 年 5 月から QRV を開始しました．当時は，どんなアンテナがいいのかがわからなかったので，1.9/3.5/7MHz 用フルサイズの逆 V ダイポール（図 4-3）やバーテックススタンダード製のオート・アンテナ・チューナ FC-30 を使ったロング・ワイヤを上げて国内 QSO を楽しんでいました（写真 4-35）．

■ 宮古島からの運用

2001 年のゴールデンウイークからたびたび訪れて運用していた宮古島からも，2004 年の年末に 1.9MHz の運用を始めました．その当時，

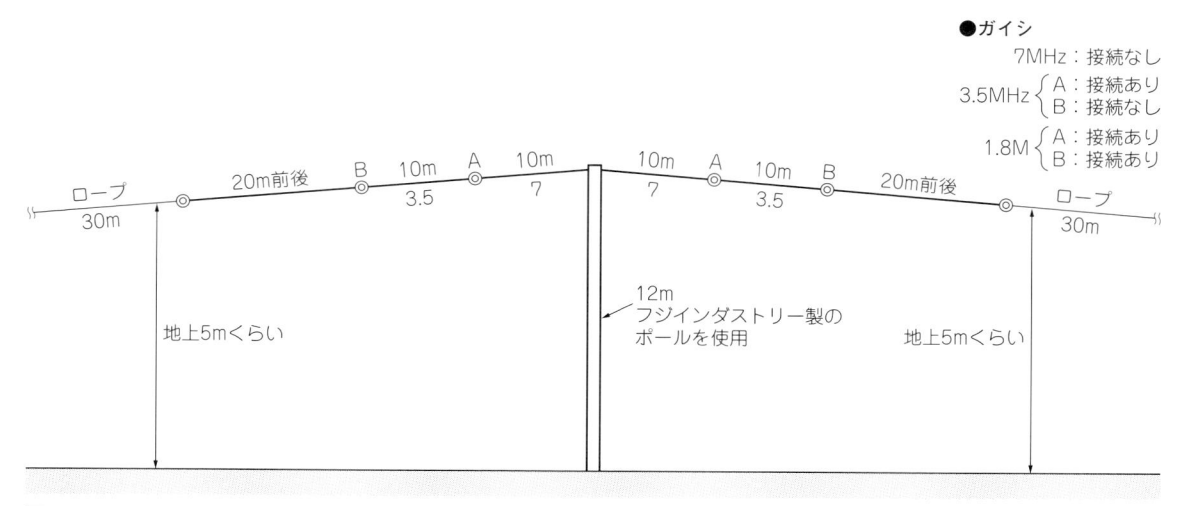

図 4-3　1.9/3.5/7MHz 用逆 V ダイポールの寸法

Chapter 04　使い方は人それぞれ　移動運用を楽しむためのアンテナ選び

1.9MHz の国内 QSO は比較的簡単にできるが，1.8MHz での海外 QSO は並大抵ではないと，ローカル局から聞かされていました．

実際に，宮古島から FC-30 と 40m 長のロング・ワイヤで運用したのですが，1.8MHz での入感はありませんでした．**写真 4-36** にある給水タンクがアンテナに悪影響があったと思います．2005 年末に訪れたときには給水タンクがなくなりましたが，コンディションに恵まれませんでした．

■ 本格的に DX

本格的な運用は，2007 年年始と 2007 年／2008 年の CQ WW DX コンテスト CW 部門のときでした．そのときのアンテナは**写真 4-37**，**図 4-4** のようなものです．

22 時～24 時に，北米（アメリカ），アフリカ（チャゴス），アジア（中国，モンゴル，香港，台湾）を中心として，3～5 時に，ヨーロッパ（ウクライナ，ポーランド，ドイツ，エストニア，フィンランド，スウェーデン，チェコ，スロバキア）と

写真 4-35　沖縄本島での運用のようす

写真 4-36　宮古島での運用のようす

写真 4-37　2007 年に宮古島で運用したときのアンテナ

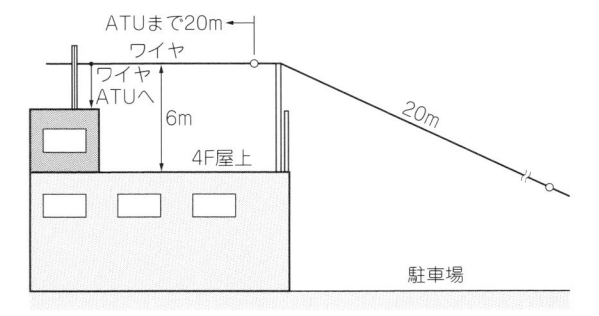

図 4-4　FC-30 ＋ 40m 長のワイヤ．10m 長のグラスファイバ・ポールを使用

QSOができました．中国，台湾は，日本本土より距離が近いのでローカルのように入感します．ヨーロッパの局もピーク時は599で聞こえ，「1.8MHzのDXは聞こえない」という言葉とは無縁でした．

日本本土では，ドラゴン・ノイズで聞こえなかったと聞いていますが，宮古島ではパスの関係でドラゴン・ノイズとは無縁でした．

WACを完成したかったのですが，南米とはQSOできなく残念に思います．沖縄から南米は厳しいですね．

■ ホイップ・アンテナでDX

2008年4月には，19時にホイップ・アンテナでサイパンとQSOができました．ただし，ワン・コールとはいきませんでしたが…．

そのときのアンテナは，案てな工房製の1.9MHz用のホイップ・アンテナです（**写真4-38**）．トップに20cmほどワイヤを追加して1.8MHzに同調させました．ルーフサイド基台にアンテナを設置し，タッピング・ネジを2本使って車のボディー

写真4-38　サイパンと交信ができたホイップ・アンテナ

からアースを取っています．特別にカウンターポーズなどは使用していません．

■ 挑戦してみませんか

太陽黒点数が上がってくると1.8/1.9MHzはシーズン・オフになりますが，比較的簡単なアンテナでもQSOができます．1.8MHzは聞こえない先入観を忘れて，1.8MHzに挑戦してみてはいかがでしょうか？

〈JI3DST　舟木 武史（ふなき たけし）〉

4-5　自動車を利用してアンテナを立てる

自動車を利用すれば，移動運用時にアンテナが立てやすくなります．ここでは手軽にできるアンテナ設置方法を紹介します．

■ マグネット基台にモービル・ホイップを装着する

マグネット基台を使ってモービル・ホイップを取り付けるのが，一番簡単な方法です．V/UHF帯の運用なら，ノンラジアル・ホイップを取り付けるだけなので，何も難しいことはありません（**写真4-39**）．

■ アースの取り方1　マグネットアース・シート

HF帯のモービル・ホイップなど，アースが必要なアンテナをマグネット基台で使うときのアースの取り方です．もっとも簡単な方法は，市販のマグネットシート・アースを利用することです．**写真4-40**では第一電波工業のMAT50を使用しています．これ1枚で，7MHz帯にも対応できます．

■ アースのとり方2　キッチン・ガードを使う

キッチン用品の油はね防止用キッチン・ガード

Chapter 04　使い方は人それぞれ　移動運用を楽しむためのアンテナ選び

写真 4-39　マグネット基台に144/430MHz用ノンラジアル・ホイップを装着

写真 4-40　市販のマグネットアース・シートを利用してアースを確保

写真 4-41　基台とキッチン・ガードはなるべく短い距離で接続

写真 4-42　8-16の圧着端子（左）とハムショップで購入したM型コネクタ用アース端子（右）

写真 4-43　ビニル線の先にクワ型端子を取り付けて車体のボルトと共締めする

を利用しても，マグネットアース・シートと同様の効果が得られます．

　キッチン・ガードの上にマグネット基台を設置し，基台のコネクタとキッチン・ガードをミノムシ・クリップを使って，なるべく短い距離でつなぎます（**写真 4-41**）．コネクタのところに取り付けているのは，「8-16」という表記の圧着端子です．ホームセンターにはなかなか置いていませんが，ハムショップでこの圧着端子もしくは同等品が手に入るかもしれません（**写真 4-42**）．

　キッチン・ガードは入手しやすくて安上がりなのはいいのですが，車のルーフに傷を付けやすいのが難点です．

■ **アースのとり方3　車体から取る**

　アースは車体から取る方法もあります．**写真 4-43**では，スライド・ドア上部のボルトからアースを取っています．基台側の金具は，市販の伸縮ポールに付属しているモービル・ホイップ取り付け金具の流用です．

　アースを取る際は，基台と車体をなるべく短い電線でつなぐ必要があります．長いとアースの効果が得られません．

■ タイヤ・ベースを使う

　自動車のタイヤで基台を踏んで固定する「タイヤ・ベース」を使うと，簡単にマストが設置できます．50MHzの2エレメントHB9CVやV/UHF帯の標準的なGP程度の軽量アンテナを高さ3mくらいに上げるのであれば，条件によってはステーを張らなくても大丈夫だと思われます（**写真4-44**）．

　しかし，ポールやアンテナの状態をこまめに確認して，アンテナを倒す事故を起こさないように，十分な配慮をお願いします．

〈CQ ham radio 編集部〉

写真4-44　タイヤ・ベースと市販のポールを使って50MHz用2エレメントHB9CVを高さ約3mに設置

4-6　どれを使えばいい？いろいろな長さのハンディ機用アンテナ

■ 素朴な疑問

　ハンディ機は，ポケットに入るくらいの大きさの，手軽に持ち運べる無線機です．おもちゃみたいに小さいけれど，送受信機と電源とアンテナが一体化したとても優れたシステムです．ハンディ機を買うと最初から純正のアンテナが付いてきますが，アンテナ・メーカーからもさまざまな種類のハンディ機用アンテナが発売されています．いったいどんな違いがあるのでしょうか．

■ 予想

　クルマの部品と同じように，本体に付属している純正のアンテナがベストなのでしょうか．

■ 実験

　ここでは，エレメントの長さに注目しました．用意したのは全部で5本．純正のアンテナと，長さが違う4本（同じメーカーの製品）のアンテナを比べます（**写真4-45**）．ローカルさんの協力を得て交信し，それぞれリグのSメータを読み取る方法で行いました．

■ 結果・結論

　結果は**表4-1**のとおりです．エレメントの長いアンテナが一番良く飛びました．純正はまぁまぁ．短いアンテナが意外に健闘しています．ハンディ機用のアンテナは「エレメントは長いほうが性能が良い」ということがわかりました．

■ 考察

　この結果から，それぞれのアンテナが活躍しそうなシーンをイメージしてみました．

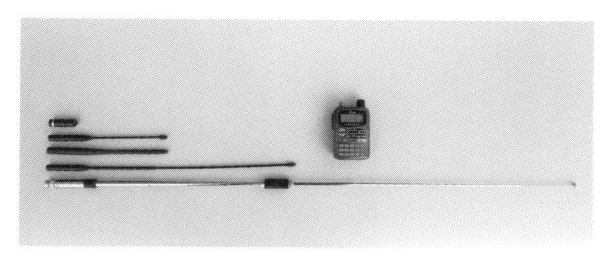

Chapter 04　使い方は人それぞれ　移動運用を楽しむためのアンテナ選び

写真 4-45　今回実験を行ったアンテナ

表 4-1　アンテナの比較

アンテナの種類	MY レポート
93cm のロッド・タイプ・アンテナ	59+
45cm のロング・タイプ・アンテナ	59+
純正アンテナ	58
19cm のミドル・タイプ・アンテナ	57
4.5cm のショート・タイプ・アンテナ	56

写真 4-46　飛び重視するなら長いロッドタイプ・アンテナがお勧め

写真 4-47　飛びと重さのバランスが取れているロングタイプ・アンテナ

写真 4-48　ハンディ機と一体感があるショートタイプ・アンテナ

1m クラスのロッドタイプ・アンテナ…ここぞというときに強さを発揮してくれそうです．普段は短く縮めておけるので，持ち運びに便利です．使うときには長く伸ばしますが，ハンディ機に付けて手に持つと，ちょっと重さと長さが気になりました（**写真 4-46**）．ハンディ機をスタンドで固定するか，アンテナを外付けの基台や三脚に設置するとよいでしょう．

45cm のロングタイプ・アンテナ…純正のアンテナに物足りなさを感じている人や，ハンディ機で CQ を出して交信を楽しみたいときにおすすめします．アンテナの重さと性能のバランスが取れ，安定して使える印象です（**写真 4-47**）．

純正アンテナ…基本となるアンテナです．デザインが本体とマッチしているし，なにより純正なので安心感があります．

長さ 19cm のミドルタイプ・アンテナ…純正アンテナと同じような長さで，性能も互角．予備のアンテナとしていかがでしょう．広帯域受信をしたい人や，人とは少し違った雰囲気を出したい人にもおすすめです．

長さ 4.5cm のショートタイプ・アンテナ…性能が控えめなので，混信を与えることも受けることも少なくなります．ちょっとした連絡用にいいで

すね．本体との一体感があり（**写真4-48**），活動的なシーンにぴったりです．山椒は小粒でもピリリと辛い，「なでしこジャパン」のようなアンテナです．

■ **まとめ**

いかがでしたか．今回試したもの以外にも，各社から多くの種類のハンディ機用アンテナがラインナップされています．長さがわずか2.5cmのアンテナ（**写真4-49**）でも144MHz FMを使って約40km離れた局と交信ができました！

ぜひ，周波数や目的に合わせてアンテナをいろいろ選んでみてください．ハンディ機の世界がもっと広がります♪

〈JI1JRE　武藤 初美（むとう はつみ）〉

写真4-49　わずか2.5cmでも実用性は十分

4-7　釣り竿ホイップでQRV

お手軽移動を福島県内を中心に行っています（**写真4-50**）．パワーもあまり必要としない「CW」を主に運用しています．周波数は7MHzを中心に夜間は3.5MHzにもときどきQRVしています．

■ **移動運用を始めたきっかけ**

運用のほとんどは固定からだったのですが，8年ぐらい前からの平成の大合併による町村の消滅と新しい市の誕生が大きな要因となっています．

ほかには趣味としてドライブがあり，見知らぬ街へ出かけるのも大きな楽しみだったので，この二つの好条件が重なりあったことが今も楽しく続けられている理由ではないかと思います．

■ **移動運用でのメリット**

メリットという表現が適切かどうかはわかりませんが，やはり珍しい地点からのQRVですね．コールを受けながら，皆さんから喜びの声が届くことが一番うれしいですね．来て良かったと…，疲れも吹っ飛びます．

あとは，いろいろな自治体におじゃまして特産品などを見たり活気にあふれた街のようすに触れたりすることなどでしょうか．

■ **釣り竿ホイップの良い点**

現在移動運用で使っているのは，釣り竿を使ったホイップ・アンテナです（**写真4-51**）．軽量かつ伸縮自在なので持ち運びも便利です．さらに軽快にQRVが可能です．最大に伸ばして5mぐらい，重さは1kgチョットぐらいでしょうか，とても軽いです（カーボンの釣り竿，ひと竿の重さです）．

飛びはどうかというと，思ったより飛ぶという印象です．飛ぶというのも概念なので，感じ方は人それぞれですが．

釣り竿ホイップを選んだきっかけは，たまたま移動運用をご一緒した方がこのアンテナでSSB

Chapter 04　使い方は人それぞれ　移動運用を楽しむためのアンテナ選び

写真 4-50　移動運用中の一コマ

写真 4-51　使用している釣り竿アンテナ

にて QRV しているのを拝見したことです．これまで持っていた「ホイップは電波は乗るが飛ばない」というかたくなな考えを消し去ってくれました．購入先を聞いたところハムフェアに出店するとのこと．さっそく購入となった次第です．

　私が QRV するのは主に 7MHz CW なので，モードによって若干異なるとは思いますが，よく飛んでいます．不満はモノバンド・アンテナなので複数の周波数には QRV できないことですかね．どうしてもの場合は，複数本のアンテナを持参して対応すればいいでしょう．

■ さいごに
　ドライブを兼ねての運用なので気分もリフレッシュできます．また，呼んでいただく皆さんの FB な運用術にも助けられ楽しく運用することができています．これからも末永く続けていこうと思っています．

〈JA7FVA　広野 孝光（ひろの たかみつ）〉

4-8　欲しいと思ったそのときに「とりあえずアンテナ」を作ってみました

　移動運用の途中でアンテナを準備していなかったバンドに出たいときはどうしますか？ その場で簡単にアンテナを作ってしまいましょう！

■ その場でアンテナを作るために
　移動先で，携帯電話やスマートホンのクラスター情報から珍しい場所や交信したい局の運用情報を得たら，何とかして電波を出たいものですね．でもそのバンドのアンテナを持っていない…．

　そこで，手持ちの身近な材料で「とりあえずアンテナ」を作る実験をしてみました．あり合わせと言っても，立木や木の枝だけでアンテナを作るのは無理ですね．まぁ…とにかく，ある程度のア

ンテナ材料が手元になくては始まりません.
　今回の実験のために用意したのは次のようなものです.
① 0.5～1.0sqのビニル線 25m
② アース（グラウンド）マット
③ キッチン・ガード
④ アルミ線（φ2mm～φ3mm）
⑤ バナナ・プラグ（はんだ付け不要）
⑥ BNCプラグ・アダプタ
⑦ 1：1バラン（あればいい）
⑧ 伸縮ポールかグラスファイバ竿（竹竿）
⑨ SWRが測れる無線機
⑩ バッテリ・クリップ，ミノムシ・クリップ
⑪ 変換コネクタ（BNCP-MJ，RMP-BNCJ）

■ まずは V/UHF から

　まずは肩慣らしとして，144MHzと430MHzのダイポールを作ってみます.

● BNC-バナナ・プラグ変換コネクタを使ったダイポール

　BNC-バナナ・プラグ変換コネクタ（**写真4-52**）を使ったダイポールを作ってみました（**写真4-53**）.本来はオシロスコープなどの測定器やテスタの入力用に使われているようです.バナナ・プラグが差し込めるのと，ねじ止めができるので便利そうです.

　エレメントの長さは，144MHzは50cm，430MHzは15cmが目安です.φ2mmアルミ線を赤側（ラジエータ）黒側（ラジアル）にねじ止めしてアンテナ・アナライザで測定してみると，433MHz付近で SWR 1.1～1.2になりました.このアンテナで約10km離れたレピータも十分にアクセスできました.145MHz付近でも SWR 1.5程度で実用性十分です.

　アルミ線はホームセンターの園芸コーナーなどで入手できます.表面処理がされていることが多いので，紙やすりで表面を磨いてから使うと良いでしょう.

　BNC-バナナ変換コネクタや同軸変換コネクタは，秋月電子通商や千石電商，マルツパーツ館などで500円程度で購入できます.

■ 次は 7MHz に挑戦

　移動先で出たくなるのは，やっぱり7MHzですね.記念局やNEWのJCC/JCGはぜひともゲットしたいものです.

写真4-52　BNC-バナナ・プラグ変換コネクタ

写真4-53　BNC-バナナ・プラグ変換コネクタを使った144MHz用ダイポール

Chapter 04　使い方は人それぞれ　移動運用を楽しむためのアンテナ選び

　ここでは，リグ内蔵のSWRメータを頼りにアンテナを調整するので，ローディング・コイルによる短縮などは行わずに，フルサイズを主体に1/4λのホイップ・アンテナと逆Vダイポールを作ってみます．

● 1/4λワイヤ・アンテナ

　このアンテナは，1/4波長に相当する約10mのエレメントを車のモービル基台に直接つないで作ります．このタイプのアンテナはアースの良し悪しが重要です．モービル基台は車体にアースが取れていますか？　アースが取れていない場合は，第一電波工業のマグネットアース・シートMAT50を使うと簡単です（**写真4-54**）．

　しかし今回は，入手しやすい材料ということで，台所用品の「キッチン・ガード」を使ったアースを採用してみました（**写真4-55**）．基台のM座のアース側とキッチン・ガードを，クリップ付きのリード線でつなぎます．

　次に，ラジエータになるエレメントです．約11m（1/4λより少し長め）の0.75sq程度のビニル線を，ねじ止め式のバナナ・プラグを使って基台の芯線部に接続します（**写真4-56**）．バナナ・プラグは，はんだ付け不要で接続できるものが便利です（**写真4-57**）．エレメントの反対

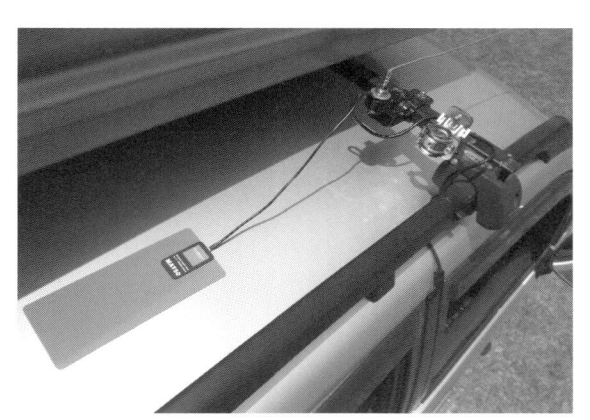

写真4-54　MAT50を利用してアースを確保

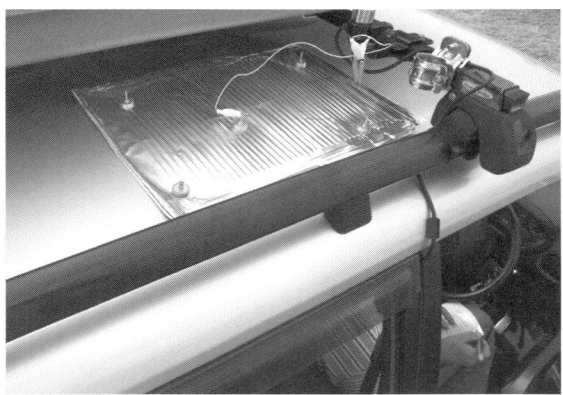

写真4-55　磁石で固定したキッチン・ガードからアースを取る

写真4-56　1/4λワイヤ・アンテナの給電部

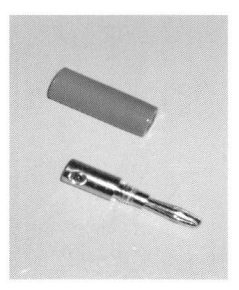

写真4-57　はんだ付け不要のバナナ・プラグ

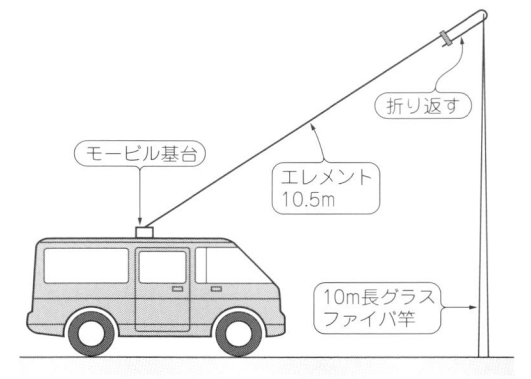

図4-5　エレメントを伸張したようす

側は，ひもで縛りグラスファイバ竿や竹竿を使ってできるだけ高く伸張します（**図4-5**）．

● エレメントの調整

エレメントの設置ができたら，無線機内蔵のSWRメータで確認します．おそらく，バンドの下のほうに最低ポイントがあると思います．そこで，先端を折り返しながらエレメントを短くして調整します．もし高い周波数側にあったなら，エレメントを延長します．

エレメントを高く上げた場合には大地間容量が少なくなるので，エレメントが長くなります．エレメントの再利用を考えると，切らずに折り返して調整したほうが良いと思います．

この仮設状態でエレメント長は10.05mでバンド全域が1.5以下になりました（**写真4-58**）．SWRがバンド全域で同じように高いときには，アース側を再確認してみてください．

● 使ってみて

このアンテナは，1/4波長フルサイズの効果はありありです．地上高は平均3mくらいなので，打ち上げ角はほぼ真上になってしまいます．DXには向きませんが，国内局は結構強く聞こえてきます．筆者は，パイルアップになっていた移動局を2コールでゲットできました．3倍周波数の21MHzでも6エリアの移動局と難なく交信できました．

このアンテナを10m級のグラス竿で垂直に高く上げれば，フルサイズ・バーチカルとして，素晴らしいパフォーマンスが発揮できると思います．

● 7MHz以外のバンドに対応

7MHzができれば，波長の短くなる10MHz（30m）や18MHz（17m）は1/4波長のエレメントに交換することで十分に対応できると思います．18MHz以上であれば，入手しやすい4.5mの竿で1/4λフルサイズ・ホイップが作れます．太陽黒点数の多い時期には，HFハイバンドのコンディションが上昇し，バンド中がにぎわいます．このアンテナは簡単に製作してQRVできるので，皆さんぜひトライしてみてください．

● 7MHz帯用逆Vダイポール

次に逆Vダイポールをその場で作ってみました（**写真4-59**）．しかし，ダイポールのような平衡型アンテナなら，ラジアルやアースを気にせずに挑戦できます．

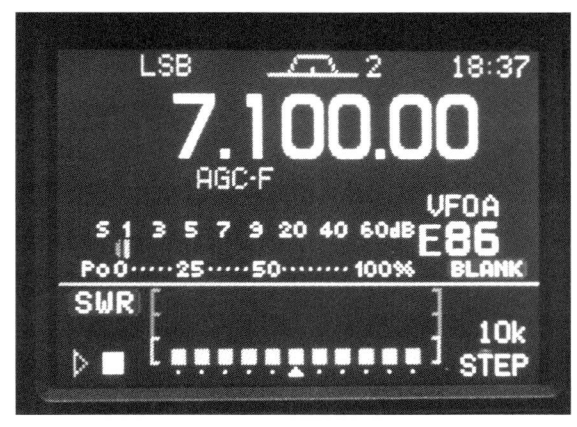

写真4-58　内蔵のSWRグラフでは広範囲で低SWRを確保　　写真4-59　設置した7MHz用逆Vダイポール

Chapter 04　使い方は人それぞれ　移動運用を楽しむためのアンテナ選び

写真 4-60　用意したビニル平行線（20m）と市販バラン（第一電波工業 BU50）

写真 4-61　バンド内をほぼフルカバーしている

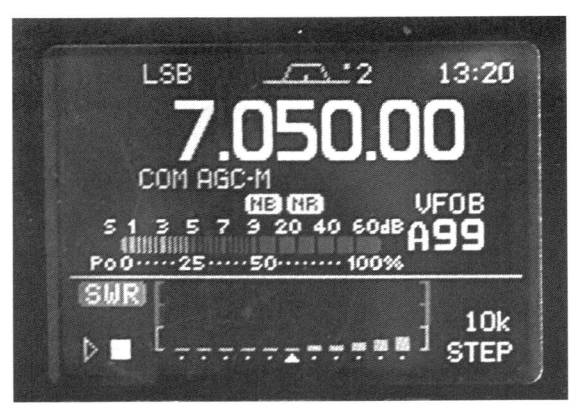

　エレメントにはホームセンターで入手できる0.5sqくらいビニル平行線を使いました（**写真4-60**）．もっと太い電線でもいいのですが，重くなるので高く上げるのが大変になります．

　エレメント1本の長さは「波長×1/4×0.97（短縮率）」で求められます．7MHz以外のバンドにQRVするときは，この式からエレメント長を求めてください．

　ビニル平行線を10.5m（少し長めです）に切り，2本に割いて市販のバランに接続し，4.5mの伸縮ポールにひもで縛ってエレメントを展開します．エレメントの先端にはひもを付け，地面に打ったペグに留めています．

　ひとまず設置してSWRを確認してから，エレメントの両端を折り返しながら調整を行います．片側9.7mになったところで，最低ポイントがバンド内になりました（**写真4-61**）．やはり地上高が低いのでエレメントは若干短めになったようです．

　早速バンド内をワッチです．聞こえてきた移動局とQSOすることができました．

■ まとめ

　急場しのぎ的なアンテナをいくつか作ってみましたが，いかがでしたでしょうか．ビニル線といくつかのコネクタ，釣り竿や竹竿などを使いV/UHF帯のアンテナやHF帯のアンテナを作って電波を出すことが可能となりました．

　あえて，アンテナ・チューナを使わずに電波を出して，アンテナの原点に返ったような気になりました．

　一度コツをつかんでしまえば，いろいろなバンドに応用することができるでしょう．アンテナがないからといってQRVをあきらめずに，何とかして電波が出せるように工夫をしてみてください．

〈JR1CCP　長塚　清（ながつか きよし）〉

編集部より：アンテナの設置条件により今回紹介したデータと同じ値が出ないこともあります．アンテナ製作調整時に無線機を破損しないよう十分にご注意ください．運用時は感電などの事故を起こさないように配慮をお願いします．

4-9 移動運用に外部設置型オート・アンテナ・チューナを活用する

■ はじめに

移動運用では，簡単に設置できて多くのバンドで運用できるアンテナが好まれます．さまざまなアイデアがありますが，外部設置型のオート・アンテナ・チューナ活用するのも一つの方法です．

ここでは接続に特別なインターフェースを必要としないCGアンテナ社のCG-3000を使った移動運用でのチューナの活用方法を紹介します．

オート・アンテナ・チューナを移動運用で使う場合に必要なものはチューナ本体，アンテナ・エレメント，グラウンド，12V電源，同軸ケーブルの五つです．固定局ではいろいろな使い方と材料が考えられますが，ここでは移動運用に絞って考えます．今回のアンテナ・システムの概要を**図4-6**に示します．もちろんこの方法は固定局でも効果的な使い方です．

■ 準備

① **チューナの接続**

CG-3000のチューナには四つの接続部があります．白いガイシのような部分の先端にエレメントを接続します．反対側の蝶ナットにはグラウンドを接続します．4ピンの丸コネクタには＋12Vの電源を，M型コネクタには同軸ケーブルを接続します（**写真4-62**）

② **エレメント**

エレメントは，ビニル被覆の銅線をロープなどで立木などにひっかけて使うか，釣り竿などの先端からぶら下げてチューナに接続します．エレメントの先端は高い電圧になるので，ガイシやプラスチックなどで絶縁してからロープでエレメントをつり上げます（**写真4-63**）．エレメントの先端が立木や建物に接近するとアンテナの性能が落ちるので，ロープなどを効果的に使って，障害物とアンテナの先端をできるだけ離します．ロープ自体の絶縁性が高い場合は，ガイシを省略してもよいでしょう．

エレメントの長さは使うバンドにもよりますが，8mが推奨の長さです．これ以上長いエレメント

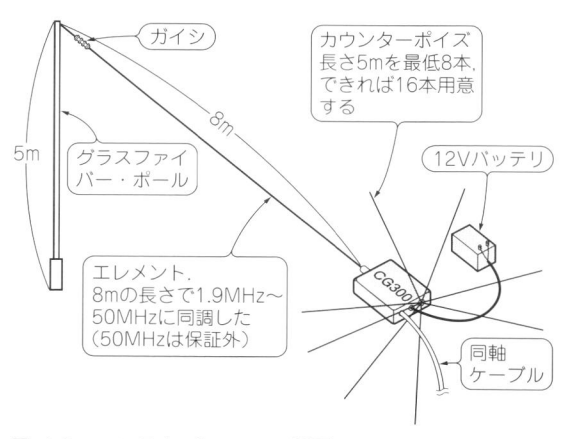

図4-6 アンテナ・システムの概要

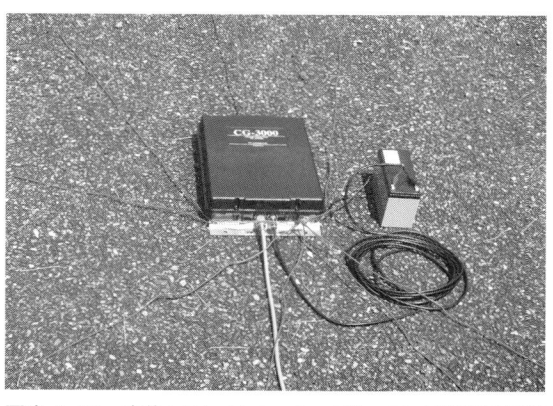

写真4-62 本体とエレメント，ケーブル，アース電源の接続部分

Chapter 04　使い方は人それぞれ　移動運用を楽しむためのアンテナ選び

を使うと，ハイバンドでチューニングが取りにくくなります．8mのエレメントでもグラウンドさえ良ければ1.8MHzまでチューニングが取れます．特定のバンド専用と割り切って，少しでも長いエレメントを使う場合でも，そのエレメント長に見合ったグラウンドの長さが必要になります．

移動運用ではロケーションを選べるので，欲張って長いエレメントを使うよりも良いロケーションの場所を選んで，アンテナは設置のしやすさを優先してコンパクトにしたほうが無難です．

DXを狙う場合は，エレメントをできるだけ垂直に立てて，アンテナの打ち上げ角を低くします．国内QSOを狙う場合には，45度くらいにエレメントを傾斜させると設置が楽で，打ち上げ角が上がってかえって都合が良い場合があります．

③ グラウンド

移動運用では地面にアースを打ち込むなどは難しいので，カウンターポイズを使うのが一般的です．5mの線を最低8本，できれば16本くらいを使い，一方をまとめて圧着端子などで端子に接続します．

チューナ本体はできるだけ地面に近い所に置き，カウンターポイズの線はできるだけ広い面積になるように地面に広げます（**写真4-64**）．線が増えれば増えるほどアンテナの効率は良くなり飛ぶようになります．移動運用だからといって，手を抜いてはいけない部分です．

エレメント長を長くする場合には相対的にカウンターポイズも長くします．効果的なカウンターポイズは長い線1本ではなくて，短くても線の数を多くし，展開する面積を大きく取るように努めます．線の太さはあまり考えず，本数をとにかく増やします．フラット・ケーブルを3～4本まとめて裂いて使うのも効果的です．グラウンドを強化すればしただけ電波の飛びも良くなります．

④ 12V電源

CG-3000を動作させるには12Vの電源が必要です．リグと同じ13.8Vを供給してもかまい

写真4-63　エレメントの先端をガイシで絶縁する

写真4-64　カウンターポイズは大きく広げる．太く示した部分がカウンターポイズ

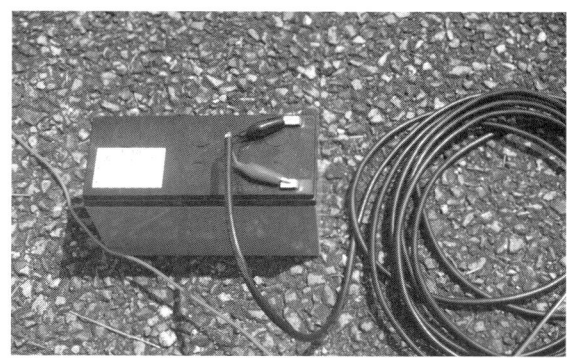

写真 4-65　本体に電源を供給するのは小型バッテリ

写真 4-66　同軸ケーブルと電源をまとめて分割コアに通す

ませんし，移動運用では設置を簡単にするために12Vの小型バッテリ（**写真 4-65**）をチューナのそばに置いてもよいでしょう．

⑤ 同軸ケーブル

　HF帯を50W以内で運用するため，同軸ケーブルは3D-2V程度の細いものでも十分です．チューナの入り口の部分には高周波をリグに戻さないように挟み込み式のフェライト・コアを数個挟みます．グラウンドが不十分だと，同軸もグラウンドの一部として働いてしまい，高周波がリグまで戻ってきてしまいます．フェライト・コア（分割コア）を同軸ケーブルに挟むことでアンテナ側とリグ側の間の回り込を防止します．

　リグと同じ電源をCG-3000に供給する場合には，同軸ケーブルと一緒に電源の線もフェライト・コアに通過させます（**写真 4-66**）．

■ 運用

　チューナを自動で同調させるには，リグから連続キャリアを送信して自動チューニングさせます．CG-3000にはチューニング開始させるための特別な配線がありません．連続キャリアを検出し，そのときのSWRが1.5以上の場合に自動的にチューニングを開始します．

　リグのモードをRTTYやFMといった連続で出力の出るモードにして，送信出力が10Wくらいになるようにしてから，SWRを監視しながら連続送信します．CG-3000が連続キャリアを検知すると自動的にチューニングを開始します．

　SWRを監視してチューニングの状態を把握します．普通は3秒から5秒程度，SWRが乱高下したのちSWRが1.5：1以下に落ち着きます．これがチューニング完了のサインです．

　リグの出力を50Wでチューニングを開始すると，リグは高SWRを検出して自動的に出力を下げてくれます．しかし，チューニング中にSWRの低いLCの組み合わせになったときに，リグの出力も大きくなります．その場合，チューニングのためにリレーが切り替わる瞬間に，リレーの接点に高い電圧が加わり，接点を劣化させます．このため，チューニング中の出力は必ず10Wにしてください．

　20秒以上待ってもSWRが乱高下する場合は，そのアンテナがチューニングさせようとしている周波数で限度を超えているか，グラウンドが不十分です．エレメントの長さを変えるか，グラウンドを再検討して再チューニングさせます．

チューニングしにくい条件では，チューナ内部の高周波電圧が高くなっているので，チューナを故障させる原因になります．無理してチューニングが取れたとしても，アンテナとして能率の良い状態ではない場合が多いので，結果として飛ばないアンテナになります．

無理にチューニングさせないことが，オート・アンテナ・チューナを使う場合のコツです．長すぎるエレメントがチューニングしづらい条件を作っていることが少なくありません．

一度チューニングしたバンドは，チューニング条件を記憶するので，次に同じバンドを使う場合に数秒でチューニングが完了します．

チューニングの完了を確認したら，送信出力を希望の出力まで上げ，運用を開始します．運用バンドを切り替えたら必ず10Wの連続キャリアを送信して切り替えたバンドにチューニングさせます．これを怠って，バンド切り替え後に50Wを出力するとチューナに負担がかかって故障の原因となります．

CG-3000はチューニング・ロックなどの機能はありませんが一度チューニングすると，交信中に再チューニングが始まることは，あまりありません．交信中に再チューニングが始まる場合は，アンテナの条件がチューナのチューニング範囲のぎりぎりのところであったこと考えられえます．チューニングに時間がかかる場合にこうした現象が見られます．

オート・チューナといえど．いかなる条件でもチューニングできるわけではありません．チューニング可能範囲の限界付近のアンテナでは，チューニングに時間がかかったり，再チューニングが始まったりします．このような条件でチューナを使うと，チューナに負担がかかり，電波の飛びも良くありません．

チューニングしやすい条件を作ってあげることが，チューナの寿命を延ばし，チューニング後のアンテナの効率向上につながります．

無理をさせないことがチューナ使いのコツなのです．

〈JA8CCL（JA1AHS）木下 重博（きのした しげひろ）〉

4-10　針金で作った超簡単アンテナ

144MHzと430MHzには多くの方が運用していることでしょう．このバンド用のきわめて簡単に製作できるアンテナを紹介します．移動先で急にアンテナが欲しくなったときにも，使えると思います．

■ デュアルバンド・ホイップ

まずは，デュアルバンド・ホイップからです．必要なものは，針金（φ2mmのアルミ線）だけ．これを，144MHzの1/4λの長さ（52cm）に切り，アースが取れたモービル基台のM型コネクタの部分に差し込めば完成です（**写真4-67**）．この状態ではSWRは少し高めでした．低い周波数に合っていた（長めだった）ので，少しカットします．カットアンドトライの結果，47cmのときに満足のいく値になってくれました．このときのSWR実測値を**表4-2**に示します．

写真 4-67　アースが取れているモービル基台にアルミ線を差し込んだところ

写真 4-68　カメラ用のミニ三脚に自作基台をセットしてアンテナを設置

写真 4-69　ペットボトルをマストにしてアンテナを設置

表 4-2　針金ホイップ・アンテナの SWR 実測値

長さ 52cm（145MHz の 1/4λ）		
133.0MHz…1.2（ボトム）	144.0MHz…2.0	146MHz …2.2
407.7MHz…1.6（ボトム）	430.0MHz…1.8	440.0MHz…2.2
長さ 47cm のときに（調整後）		
144.0MHz…1.3（ボトム）	144.0MHz…1.3	146.0MHz…1.4
434.4MHz…1.9（ボトム）	430.0MHz…2.0	440.0MHz…2.0

※アンテナの設置条件によってこの値は変わる．

交信相手からは，QSB が大きいとのレポートをもらいました．エレメントがやわらかいので，弱い風でもエレメントがしなることが原因でしょう．

■ L 型 GP にチャレンジ

次にアースが取れていない基台（カメラ用ミニ三脚に取り付けた基台）にアンテナを装着してみました（**写真4-68**）．アースの代わりにラジアルを 1 本付けています．いわば L 型 GP ですね．作り方は，M 型コネクタの中心にアルミ線を差し込み，コネクタからの長さが同一になるように，M 型コネクタの外側にアルミ線を取り付けます．長さは以下で説明します．

● 144MHz

エレメントとラジアルを 51.5cm のときに SWR が最良でした．144.0MHz で 1.0，146.0MHz でも 1.1 ととても良好です．同時に 430MHz も試してみました．デュアルバンド・ホイップと同じような結果が得られています．

● 430MHz

エレメント長が 18.5cm，ラジアル長が 18cm のときに，434.40MHz にて SWR 1.0 でした．430.0MHz で 1.1，440.0MHz でも 1.1 とか

Chapter 04　使い方は人それぞれ　移動運用を楽しむためのアンテナ選び

なりブロードな特性です．

■ 基台がないときに

　基台がないときはどうするか…．そこで，ペットボトルをマスト代わりにして同軸ケーブルを固定し，エレメントを直接接続しました（**写真4-69**）．これで最低限の運用ができます．エレメントはL型GPのものをそのまま使いました．多少*SWR*が上がりましたが，問題ない値でした．

■ お試しください

　こんなアンテナでも十分実用的で，交信にもそれなりに使えています．話のネタに試してみてはいかがでしょうか．

　耐入力は確認していないので，まずはハンディ機で使ってみたほうがよいでしょう．エレメント長やラジアル長は設置環境によって変わります．今回の値を目安にして微調整をしてみてください．

〈CQ ham radio編集部〉

Column 4-1　友達の友達はみんな友達!!

移動運用でのQSOや移動運用先でのアイボールで親しくなった局長さんとの懇親会が，こんな形で広がりました．初対面の方もいらっしゃいましたが，移動運用の装備やテクニック談義に花が咲き，お開きのころには一泊移動運用の企画がされました．今後もこの輪が大きくなっていくことを楽しみにしています．

JI1SAI

移動運用談義に花が咲き，解散時にはこの笑顔

Column 4-2　UFOか？

　1970年代後半，ローカル・クラブでフィールド・デー・コンテストに参加しました．場所は野田市と柏市の境にある利根川の第2堤防で，360度視界が開けています．

　明け方，テントの外で誰かが叫んでいます．
　「おい，あれ何だ？」
　西の空の地平線低く，白い物体が横方向に移動していきます．飛行機にしては遅すぎ，飛行船にしては速すぎ，星にしては動きすぎ，人工衛星にしては動く方向が違いすぎ…．
　ビデオもない時代でした．

JR1DTN

移動運用で楽しむアマチュア無線

Chapter 05

状況に合わせた方法を選ぶ
アンテナの立て方いろいろ

5-1 移動用アンテナ・マストの特徴と活用方法について

　ロケーションが良い場所でマストを立てた本格的アンテナの設営は，移動運用のイメージそのものです．広大な場所での移動運用は，自宅で上げることができない大型アンテナも設営できるとあって，中には10mを超える高さに八木アンテナ上げて，移動運用を中心に楽しんでいる方もいます．

　しかし最近では，車の重量を利用した簡単かつ頑丈なマストの固定方法が確立し，「お化けポール」と呼ばれる10mを超えるマストの設営も比較的簡単になってきました．

■ **どんなマストを選ぶとよいのか**

　移動運用に使用するアンテナ・マストは，4m程度から10mを超えるものまで，さまざまな種類のマストが販売されています．軽量なアルミ製のポールが多く，そのほとんどが持ち運びに便利なように伸縮できるタイプです．

　しかしアンテナ・マストは専用の市販品でなくてもかまいません．短いものであればホームセンターで売っているアルミ・パイプや塩ビ・パイプ，のぼり用の竿を活用してもいいでしょう（**写真5-1**）．また，洗濯用の物干し竿を活用するのも一つの手です．

■ **高ければ高いほど良いのか**

　アンテナを少しでも高い位置に設営したいのは誰もが願うところです．また，大型アンテナを準備しても十分な高さに設営しなければ，その性能を十分に発揮できません．

　しかし，使用するアンテナの形状や運用周波数，どんな場所で運用するかによって，設置するアンテナ・マストは大きく変わってきます．

　例えばHF帯のアンテナでは，地面との関係で少しでも高い位置へのアンテナ設営が，より効率的な効果をもたらしてくれます．一方144MHzを超える周波数では，必要以上の地上高はあまり効果的ではなく，むしろ同軸ケーブルが長くなることによるロスが気になります．

　また，初心者がいきなり10mを超えるアンテナ・マストの設営を行うことは至難の業です．高くなればなるほどしっかりとしたマストを支える固定方法が不可欠なので，知識や経験が必要になります（**写真5-2**）．

　このように，アンテナ・マストは自分の運用スタイルや，技量にあった長さを選ぶことが重要な

Chapter 05　状況に合わせた方法を選ぶ　アンテナの立て方いろいろ

写真 5-1　のぼり用の竿を使ってもアンテナを設置できる

写真 5-2　高さ 12m にアンテナを設置できるいわゆる「おばけポール」．ただしこれはエキスパート向けの装備

写真 5-3　車の自重をポールを固定するタイヤ・ベース

のです．

■ アンテナの固定方法はどうしよう

　アンテナやマストの長さばかり気になって意外と忘れがちですがアンテナの固定方法はとても重要です．自動車の重量を踏み台として固定する「タイヤ・ベース」と呼ばれる固定方法はとても便利で，大型のアンテナ・システムでもしっかりと固定ができます（**写真 5-3**）．しかし，車では行けない山頂や徒歩での移動地では「三脚」などの固定方法が必要です（**写真 5-4**）．

　移動地にあるフェンスなどの構造物にマストを添わせての固定は時としてとても有効な手段ですが，周りに迷惑がかからないような配慮が必要です．

■ マストがなければどうするか？

　アンテナ・マストがあれば，さまざまなアンテナが設営できるようになります．しかし，アンテナ・マストがなくても HF 帯のアンテナの設営は可能です．

写真 5-4　マスト専用の三脚を利用してアンテナを設置

　例えば，大きな木にロープを引っ掛けてマスト代わりにする方法（**写真 5-5**）や山の斜面などの斜傾地を利用する方法などもあります．また面白いアイデアとして凧や気球（風船）を使って空高くロング・ワイヤとして運用している方もおられます．

　アマチュア無線はプロの無線のように安定したしっかりした電波である必要はないのです．相手

移動運用で楽しむアマチュア無線　| 81

写真 5-5　マストがなければ木に給電部（バラン）を引っ掛けてもいい

写真 5-6　このような軽量アンテナと短いマストならステーがなくても大丈夫

に自分の電波が伝わり，コミュニケーションが取れればOK！　むしろ，いろいろな工夫でチャレンジして成功した交信は，うれしさが倍増すると思いますよ．

■ 安心して立てられるマストのサイズは

運用地の状況やその時の気象条件にもよりますが，まずはステーがなくても自立させることができるサイズから始めることをお勧めします（**写真5-6**）．これは，移動運用には一人で出かけることが多いためです．

どんな長さのマストでもステー・ロープでマストをしっかりと支ることは大切です．しかし，いざトラブルが発生しアンテナが倒れそうになったとき，一人ではただポールを支えるだけで何もできない状況となります．

まずは，ステーが不要なサイズのマストと軽量なアンテナから始めましょう．

〈JL3JRY　屋田 純喜（おくだ じゅんき）〉

5-2　移動用アンテナとポール設置アラカルト

移動先で運用する際には，まずはアンテナとポールの設置ですね．移動先でのアンテナ設置の例として，いくつかの方法で設置してみました．移動運用を始めようとする方の参考となれば幸いです．

■ タイヤ・ベースでビーム・アンテナ

最初は，移動運用の定番，フジインダストリー社のタイヤ・ベース「FTB-8S」と8mマスト「FSP-508X」を使用しました（**写真5-7**）．アンテナは，RADIX社の50MHz 2エレメントHB9CV「RY-62FA/II」です．湖畔で，少々風が吹いていましたが，軽量のアンテナなので自立でもまったく問題なしです（**写真5-8**）．もっと大型のアンテナの場合にはステーを張る必要があります．海抜（?）はほぼ0mですが，1エリア内の移動局が強力に入感しました．

Chapter 05　状況に合わせた方法を選ぶ　アンテナの立て方いろいろ

写真5-7　フジインダストリー社のタイヤ・ベース「FTB-8S」と8mマスト「FSP-508X」

写真5-8　軽量なアンテナなら，ステーなしでも大丈夫

写真5-9　グラスファイバ・ポールを使ってATU＋ロングワイヤのアンテナ・システムを設置

■ グラスファイバ・ポールでロングワイヤ・アンテナ

　オート・アンテナ・チューナ「ICOM AH-4」とロングワイヤ・アンテナでHFのロー・バンドにQRVしました（**写真5-9**）．タイヤ・ベースに，塩ビ・パイプ（VP50）のスペーサを使って，10m長のグラスファイバ・ポールを立てました．塩ビ・パイプには，AH-4がセミのように（hi）とまっています（**写真5-10**）．

　エレメントは，0.75sqのビニル線を約16m使用しています．約9mはグラスファイバ・ポールに沿わせ，残りの7mは逆Vの形で引き下ろしました．エレメントの先端部分は，地上高約2mほどです．アースは，「タコ足アース」を使用しています（**写真5-11**）．

　このロング・ワイヤ＋AH-4のシステムで，3.5MHzから50MHzまでWARCバンドを含んでチューニングが取れました．霞ヶ浦湖畔でアース環境もよかったのかもしれません．3.5MHzでは，国内各エリアが良好に入感し，QSOができました．

■ タイヤ・ベースでGPアンテナ

　次は，ロケットのオリジナル商品である小型タイヤ・ベース「MST」を使いました．このタイヤ・ベースの使用できるマスト直径はφ43mmまでです．蝶ボルトを使用して，細めのポールでも締め付けができるので安全です．

　ポールは，第一電波製の3.85mポール「AM-385」を使用しました（**写真5-12**）．アンテナは50/144/430MHzの3バンドGP「V-2000」です（**写真5-13**）．この組み合わせは，筑波山近辺の移動運用やコンテスト参加などで重宝しています．小型で軽いのがなによりです．さらに大型のアンテナ設置や強風の際にはステーが必須です．

　以上のように，車での移動運用を前提としましたが，公共交通機関を使った移動運用や担ぎ上げの際にはタイヤ・ベースは使えませんし，大型マ

ストの使用は体力と根性が必要です．次は，三脚ベースを使ってマストを立てて，アンテナを架設してみました．

■ **三脚＋マスト**

今回使用したのは，コメット社の4.5mマスト「CP-45」と専用の三脚「YS-45」です（**写真5-14**）．

写真5-10　スペーサの塩ビ・パイプにICOM AH-4を取り付ける

写真5-11　多くのアース線を引き出すためのアダプタを使って，よりよいグラウンドを得るようにしている

写真5-12　第一電波工業の移動用アンテナ・マスト「AM-385」とロケット・オリジナルのタイヤ・ベース「MST」

写真5-13　同社の50/144/430MHz用3バンドGP「V2000」と「AM-385」で軽量な移動運用ができる

写真5-14　コメットの4.5mマスト「CP-45」と専用の三脚「YS-45」で自動車が入れないところでのポールの設置が可能

写真5-15　同社のブロードバンド・アンテナHA750BLを使うとHF帯から50MHz帯まで運用できる

Chapter 05 状況に合わせた方法を選ぶ アンテナの立て方いろいろ

ポールの重さは1.4kg弱，三脚は1.5kg，合せて3kg弱なので，釣り竿ケースに一緒に収めれば，持ち運び可能な重量だと思います．

三脚は，完全自立は無理なので，3方向にステーを張ります．キャンプ用品コーナーで購入した，クレモナ・ロープとコード・スライダー（p.95 Column 5-1参照）を使ったステーを，地面に打ち込んだペグで固定します．

ポール・トップに取り付けられたMJ-Jコネクタに，同社製のブロードバンド・アンテナHA750BLを取り付けました（**写真5-15**）．ロング・サイズなので風は吹くと柳のようにしなりますが，問題ありませんでした．

〈JR1CCP 長塚 清（ながつか きよし）〉

5-3 平らな地面に一人で立てる移動運用でのアンテナ・ポールの立て方

■ フジインダストリー社のポール

移動運用に欠かせないのがアンテナですが，みなさんはアンテナをどのように建てていますか？移動運用にもいろいろなスタイルがありますが，今回はちょっと本格的な移動運用でのアンテナ・ポールの立て方を紹介します．

アンテナ・ポールと言ってもいろいろなものが市販されていますが，ここでは多くの方が愛用している「フジインダストリー社製」のポールを使って説明します．

フジインダストリー社では，大きく分けて二つの種類のポールを販売しています．一つは，1段ずつボルトをはめ込んで固定していくタイプ（FAPポール）．もう一つは，自動的にストッパーがポールを固定するタイプ（FSPポール）です．

私は両方のタイプのポールを使っていますが，ネジで固定するタイプのほうがよいのではないかと思っています．

自動的にストッパーがポールを固定するタイプの場合，ポールを降ろすときにストッパーを解除する専用の工具を使いますが，これをよく紛失してしまうのです．そうなると，アンテナを降ろすのが大変な作業になってしまいます．

一方，1段ずつネジをはめ込んで固定していくタイプでは，ネジを紛失することはありますが，紛失してもDIYショップでいつでも調達可能です．値段も安いので，予備を多めに持っていても負担になりません．

ここでは，全長約7mで1段ずつネジをはめ込んで固定するタイプ（FAP-707）を使います（**写真5-16**）．

■ 一人でポールを立てる

私は2000年の7月に，フィンランドでの運用を行いました．そのときは，作業をすべて1人で行うという運用スタイルでした（**写真5-17**）．アンテナを立てるのも1人，運用も1人といった具合です．このときに，約7mのポールで2エレのHB9CVを1人で上げるには，どのようにすれば良いかをいろいろ思案しました．そのときの経験やその後のスリランカでの運用，そして移動の達人たちから教えていただいた事柄を元に話を進めます．

■ アンテナとポール，ステーを準備する

まずは下準備として，ポールにマーキングを行

います．

　ポールを寝かしたままボルトを通して組み立てて，固定する穴の位置，内側と外側のポールの境目に油性のマジックでマーキングをします．

　これを行うことで，実際にポールを上げたときに，その都度ボルトの穴を探さなくても，すぐにボルトの穴が見つかります．また，内側と外側のポールの境目にマーキングをすることによって，上げすぎてポールを抜いてしまうミスを防げます（もし抜いてしまったらポールが倒れる事を覚悟しましょう）．

■ ポールを立てる

　アンテナとポールを1人で建てるわけですから，高さ6mくらいのポールが無難です．アンテナは，なるべく軽いものにします．安全を考え，自分の持つ力の8割くらいで建てられるものを選びましょう．無理は禁物です．ポール本体には，ボルトの位置を合わせる目安のマークをつけておくとよいでしょう．

　次にステーです．ステー用のロープとロープの長さを調節するために使うコード・スライダー（**写真5-18**），ステーを地面に留めるためのペグも必要です．これらは，ホームセンターのアウトドア用品売り場にあります．

■ ポールを立てる

　それでは，ポールの建て方を説明します．

写真5-16　今回使ったフジ・インダストリー社製 FAP-707

写真5-18　コード・スライダーでステー・ロープの張りを調整する

写真5-19　Uボルトの上側にロープをかける．Uボルトにステー・ロープをかけるとアンテナが回らなくなるので注意

写真5-17　フィンランドで設置したアンテナ

写真5-20　ステー・ロープは4本取り付ける．場合によっては3本でも可

写真5-21　ペグにステー・ロープを通す

Chapter 05　状況に合わせた方法を選ぶ　アンテナの立て方いろいろ

① 位置を決める

　ポールを建てる位置を決めます．このとき，ステーをどの方向に張るか，あらかじめ考える必要があります．むやみに立てるとステーを固定する場所がなく，慌てることになります．

　また，風が強いときは，設置をあきらめるのも大事なことです．

② ペグを打つ

　ポールを立てる場所を中心に，適当な距離に（この距離はコード・スライダーを使ってひもがぴんと張る長さ）ペグをしっかり打ち込みます．

③ U ボルトを取り付ける

　ポールにステー・ロープを留めるための U ボルトを取り付けます．これはジャンク品でも構いません．あらかじめ付けておいてもよいでしょう．

④ ポールにロープを結ぶ

　ポールにステー・ロープを結びます（**写真 5-19**）．このとき，アンテナを回すことを考えて，U ボルトの上側で結びます．結び方は，船などで使う「もやい結び」（5-5 ロープ結び p.94 を参照）がよいでしょう．

⑤ ポールを立てる

　写真 5-20 のように，ステー・ロープを 4 本取り付けて，ペグにも通します（**写真 5-21**）．片手でポールを持って立てて，スライダーを引っ張り，各ステーがピンと張るよう調整にします（**写真 5-22**）．

　これでポールは自立しました（**写真 5-23**）．このとき，ポールを少し動かしたりステー・ロープを調節して，ポールが地面に対して垂直になるように調整します．これを行わないと，ポールが傾いてアンテナを上げられないこともあります．しっかり垂直を確認しましょう．

⑥ 一度ポールを上げる

　ポールを上げる前に，下準備をしておきます．まず，ステー・ロープを付属のリングに取り付けます（**写真 5-24**）．ステー・ロープは絡まないように注意しましょう．ポールを固定するボルト

写真 5-22　コード・スライダーを調整

写真 5-23　自立したポール

はすぐ取り出せるよう，手元に準備しておきます．

ここで便利なアイテムを紹介します．それは，ポールの簡易固定用の大型のクリップです（**写真 5-25**）．このクリップは，固定用ボルトをポールに差し込むとき，ポールが落ちないように一時的に固定するものです．これを使うと，楽にボルトを差し込めます．

これらのアイテムを使って，アンテナを付けずに一度ポールを上げます（**写真 5-26**）．

⑦ ステーを張る

建てる前に決めておいた場所に，ステーを張ります．ポールが自立していると言っても不完全な状態です．できるだけ素早く行いましょう．このときも四方向からポールを確認して，地面に対して垂直に立つように調節をします．

⑧ アンテナの取り付け

これで，アンテナを付けて上げたときの安全は確保できたので，いよいよアンテナの取り付けで

写真 5-24　リングにステー・ロープを取り付ける

写真 5-25　大型クリップでポールを仮止めできる

写真 5-26　一度ポールを上げる

写真 5-27　設置が完了したポール

Chapter 05　状況に合わせた方法を選ぶ　アンテナの立て方いろいろ

す．いったん，ポールを降ろしてアンテナを取り付けます．このときも大型クリップが役に立ちます．一番上側のポールを少し伸ばし，それを大型クリップで固定します．これで，ポールが下へ落ちずに，ポールにアンテナを取り付けられます．

⑨ **再びポールを上げる**

これですべての準備ができたので，同じ要領でポールを上げれば完成です（**写真 5-27**）．

■ **おわりに**

いろいろと説明しましたが，ポールの建て方には人それぞれの工夫があります．これを参考にして，独自の工夫を加えましょう．

〈JR3QHQ　田中　透（たなか とおる）〉

5-4　ポールのアイディアいろいろ

■ **簡単取付け，マスト・アダプタ 1 号・2 号**

移動先で，GP アンテナや八木アンテナをマストへ取り付ける作業は，高さ 2m 付近ですが高所（？）作業となります．

筆者は，フジインダストリー社の伸縮マスト FSP-508X（伸長 8.04m，縮長 2.08m）を使用していますが，小型脚立の上で，腕を伸ばしてナットを締めるのは結構ツライ作業です．バランスを崩すと脚立からの転落も考えられるので，何か簡単にマウントできる方法はないかと普段から考えていました．

そこでひらめきました．だったら，あらかじめアンテナのマウント金具やクロス・マウントを取り付けたアダプタを作っておき，アンテナ組み立て後にちょいと，マスト・トップにアンテナを乗せることができたら便利だと思いました．

● **マスト・アダプタ 1 号**

マスト・アダプタ 1 号（**写真 5-28**）には回転止めを付けていないので，無指向性アンテナに使います．**写真 5-29** のように，マウント金具を先に取り付けておき，マストに"乗っける"方法としました．

写真 5-28　マスト・アダプタ 1 号

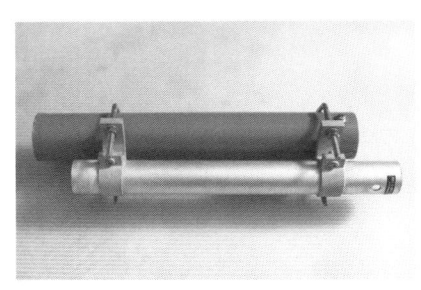

写真 5-29　塩ビ・パイプ VP40 にアンテナのマウント金具を取り付けておく

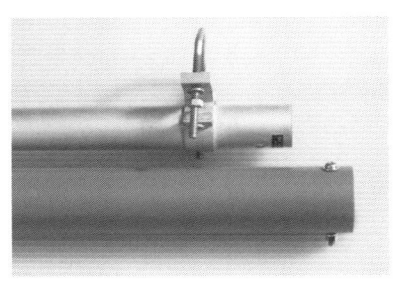

写真 5-30　塩ビ・パイプ抜け落ち防止用のボルト（囲み内）をパイプ内に通しておく

移動運用で楽しむアマチュア無線 | 89

FSP-508Xの先端部の外径は39mmなので，内径40mmの塩ビ・パイプVP40を使用しています．塩ビ・パイプの先端部分に5mmのボルトを貫通させて，抜け落ち防止としています(**写真5-30**)．

● マスト・アダプタ2号

　マスト・アダプタ2号(**写真5-31**)は，蝶ボルトによる回転止めを備えたので，ビーム・アンテナにも使えます．こちらも塩ビ・パイプのVP40を使用します．塩ビ・パイプにタップを立て(**写真5-32**)，蝶ボルトで固定しています．

　蝶ボルトはM6を使用しました．5.3mmのキリで下穴を開け，タップを立てています．塩ビ・パイプなので，苦もなくタップを立てられますが，ボルトを締める力を入れすぎると，タップが崩れてしまうことがあります．予備として，ほかの位置にも(3～4か所)同様にタップを立てておきます．50MHz用の4エレHB9CVまでは十分に架設することができました．

　このアダプタは，ポール先端に1基のアンテナを取り付ける際には便利ですが，GPと八木アンテナなどのように2基つけることはできません．

■ タイヤ・ベース用グラスファイバ・ポール・アダプタ

　HF帯のローバンドに出るために，10m長のグラスファイバ・ポールを使って，ロング・ワイヤやツェップ型アンテナを使用しています．前述のフジインダストリー社の伸縮マストFSP-508X用のタイヤ・ベース(FTB-8S)にこのグラスファイバ・ポールを挿入すると，ポールの下端口径は約48mm，タイヤ・ベースの口径とのサイズが合わずにグラグラの状態です．そこで，隙間を埋める材料をホームセンターで探しました．

　内径が50mm，外径60mmのVP50塩ビ・パイプがちょうど使えそうです．隙間を埋めて，具合良くポールが支持できるようになります(**写真5-33**)．これは製作とは言えませんね，塩ビ・パイプを適当な長さに，ただ切るだけです．hi.

　塩ビ・パイプはアンテナ製作にとても相性が良い部材です．パイプ，ソケット，キャップ，異径ジョイントなど各種の部材がそろい，しかも安価です．**表5-1**に塩ビ・パイプのサイズ一覧を示すので参考にしてください．塩ビ・パイプの詳細は，多数のWebサイトで確認できます．また実物は，ホームセンターに置いているので，ぜひご覧ください．

■ グラスファイバ・ポールの滑り止めとエレメント仮固定方法

　ロングワイヤ・アンテナのエレメントをグラスファイバ・ポールにエレメントを添わせる際にポールの途中で何か所か，仮に固定する必要があります．

　このとき，「はずせるインシュロック」とか「ネジリンボ」「ビニルひも」などを使用して，エレメントをポールに固定していると思います．

　筆者は，ホームセンターの荷造り材料コーナーで見つけた，「平ゴムバンド」を使っています(**写真5-34**)．このゴムバンドを，長さ約30cmくらいに切断して，ロッドのつなぎ目部分(段差部分)でエレメントと一緒にしばりつけるのです．こうすると，エレメントの仮固定とロッドのすべり落下防止が同時に行え，少々の雨が降ってもすべり落ちがで防止できています．

　先に紹介した，タイヤ・ベース用グラスファイバ・ポール・アダプタに，AH-4を取り付けると，**写真5-35**のような感じになります．

Chapter 05　状況に合わせた方法を選ぶ　アンテナの立て方いろいろ

写真 5-31　マスト・アダプタ 2 号

写真 5-32　回り止め用の蝶ネジを止めるためにタップを数か所切っておく

写真 5-33　タイヤ・ベース用グラスファイバ・ポール・アダプタ

表 5-1　硬質塩化ビニル管（VP，VU）規格表

区分	VP（塩ビ厚肉管）		VU（塩ビ薄肉管）	
呼び径 mm	標準外形	標準内径	標準外形	標準内径
13	18	13	—	—
16	22	16	—	—
20	26	20	—	—
25	32	25	—	—
30	38	31	—	—
40	48	40	48	44
50	60	51	60	56
65	76	67	76	71
75	89	77	89	83
100	114	100	114	107
125	140	125	140	131
150	165	146	165	154
200	216	194	216	202
250	267	240	267	250
300	318	286	318	298
350			370	348
400			420	395
450			470	442
500			520	489
600			630	592
700			732	687
800			835	783

単位：mm　JIS K 6741

VP 管は厚肉で耐圧力が高く，上水道用に使われる．VU 管は薄肉で耐圧は低く，下水道用に使われる．VP 管は単位あたりの重量も重くなる．

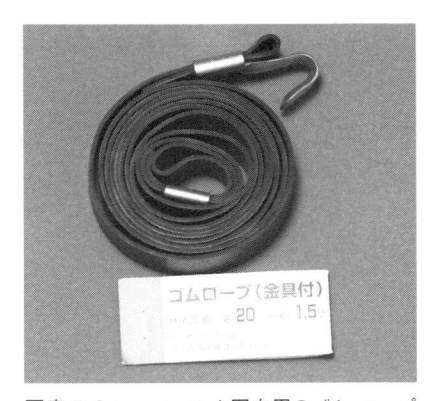

写真 5-34　エレメント固定用のゴム・ロープ

写真 5-35　グラスファイバ・ポール・アダプタとエレメント仮固定法の使用例

■ カメラ三脚用ホイップ・アンテナ・アダプタ

HFのモービル・ホイップを使った，お手軽運用に便利なアダプタを作りました（**写真5-36**）．カメラ用三脚の雲台に，アンテナを取り付けるというものです．これには，塩ビ・パイプの異径ジョイントを使用します．

図5-1に概要を説明しているので，まずご覧ください．MJ中継コネクタに同軸ケーブル付のMPプラグを取り付け，異径ジョイントに通します（**写真5-37**）．無線機側のMPプラグは，ケーブルを通した後ではんだ付けをします．

異径ジョイントは，13-20というVP-13とVP-20をつなぐジョイント部材です．VP-13の外径は約19mmあり，MPプラグがちょうどよく入ります．MPプラグの外側に接着剤を塗って，VP13側に挿入します．雲台への取り付けは，ホームセンターで購入したL型の金具にカメラ・ネジのタップを立てます（下穴5.3mm 1/4インチのタップ）．

ケーブルを引出すための切り込みを付け（**写真**

写真5-36 カメラ三脚用ホイップ・アンテナ・アダプタ

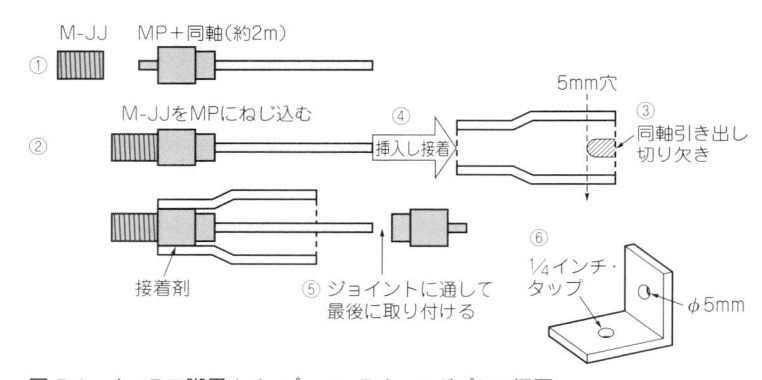

図5-1 カメラ三脚用ホイップ・アンテナ・アダプタの概要

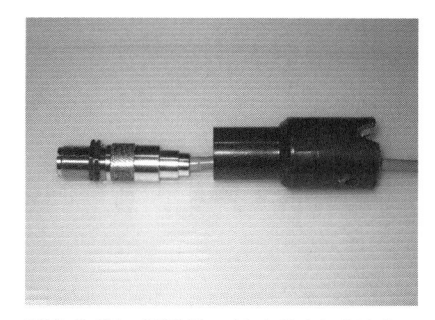

写真5-37 異型ジョイントの中にMJ中継コネクタ付き同軸ケーブルを通す

写真5-38 切れ込みを入れた異径ジョイントをL型金具にねじ止めする

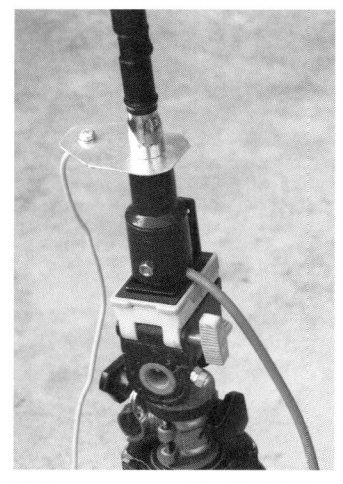

写真5-39 アース用の端子を取り付ける

Chapter 05　状況に合わせた方法を選ぶ　アンテナの立て方いろいろ

5-38)，5mm のボルトで異型ジョイントを，L型金具に固定します．

モービル・ホイップなので，アースが必要です．適当な長さ（基本は 1/4 波長）のアース線を地面にはわせて使用します．アルミ板を切りφ16mm の穴をあけ，アース用のプレートを作りました（**写真 5-39**）．

これを使えば，旅先でも簡単にアンテナを設置できます．ぜひ，お試しください．

〈JR1CCP　長塚　清（ながつか きよし）〉

5-5　ロープ結びを覚えよう

移動運用の設営で，ポールのステーを張るときやワイヤ・アンテナを張るときにきちんとしたロープ結びをすると，突然解けることもなく撤収時にも楽にロープを解くことができます．

ここでは，筆者がボーイスカウト活動で覚えた基本的なロープ結びを紹介します．ぜひ移動運用でお役立てください．

■ 止め結び（OVERHAND KNOT）

ロープのほつれを防いだり，端にコブを作るときの結び方です．

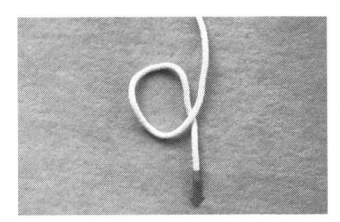

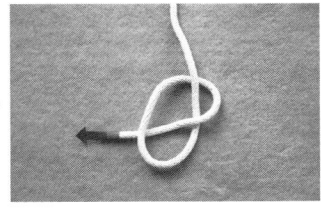

■ 本結び（SQUARE KNOT）

同じ太さの2本のロープをつなぎ合わせる結び方です．

■ ひとえつぎ（SHEET BEND）

太さが違う2本のロープをつなぎ合わせる結び方です．

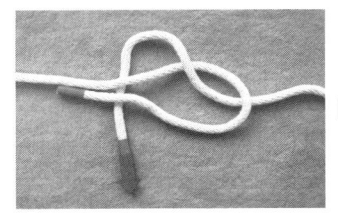

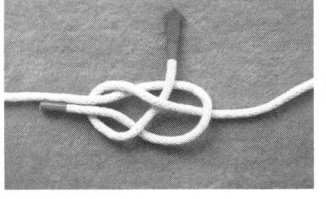

■ もやい結び（BOWLINE KNOT）

ロープを杭などにつなぎ止める結び方です．

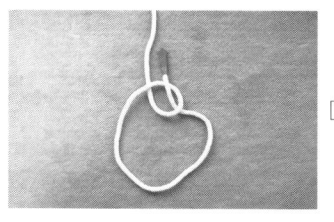

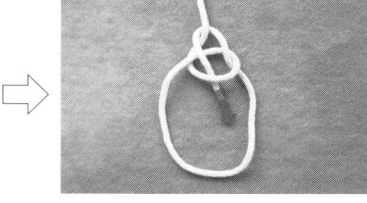

■ 巻き結び（CLOVE HITCH）

丸太や杭などを巻くときの結び方です．

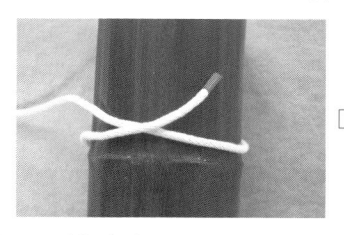

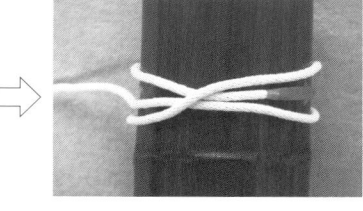

■ ふた結び（TWO HALF HITCHES）

ロープを木や杭などに巻いて仮止めするときの結び方です．

■ 自在結び（TAUTLINE HITCH）

テントの張り綱などを縮めたり緩めたりすることができる結び方です．

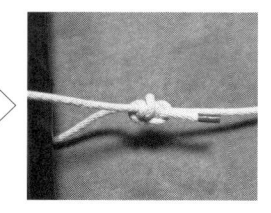

■ さいごに

　これらの結び方以外にも「引きとけ結び」「てぐす結び」「えび結び」など多くの結び方があります．詳しく知りたい方は，筆者が所属するクラブの副会長 JH1RVJ 西田 徹 氏が「いざという時，知っておきたい ロープ 紐の結び方」（KK ロングセラーズ）を出していますので，ぜひお読みください．

〈JA1YSS 日本ボーイスカウト・アマチュア無線クラブ　7N1SFT　岩井 壮夫（いわい たけお）〉

Chapter 05　状況に合わせた方法を選ぶ　アンテナの立て方いろいろ

Column 5-1　コード・スライダーの使い方

　移動運用時，ステーを張るのに重宝するのがコード・スライダー（自在金具）です．これがあれば，ステーの長さを自由に簡単に変えられます．ポール側は「もやい結び」で留めればOK．ぜひ使い方を覚えておきましょう．
〈CQ ham radio 編集部〉

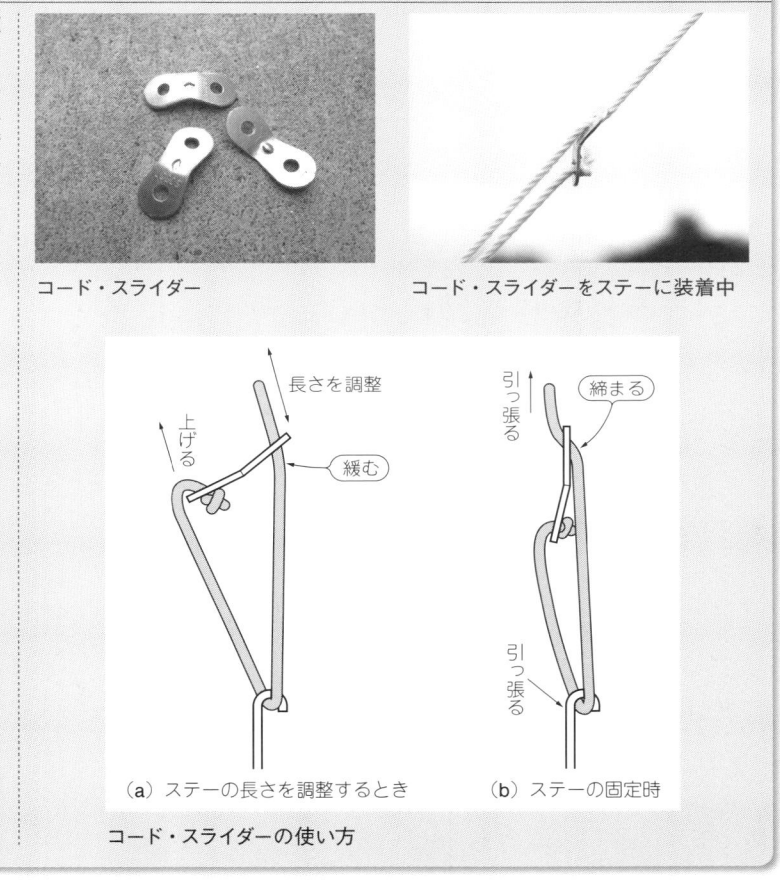

コード・スライダー

コード・スライダーをステーに装着中

（a）ステーの長さを調整するとき　　（b）ステーの固定時

コード・スライダーの使い方

Column 5-2　移動運用の相手は？　夏の夜の話

　じめじめした湿気が肌にまとわりつくような梅雨明け前の夏の夜のこと．430MHz FMでCQを出すと，Sメータの振れがフワフワと動く局から呼ばれました．
　「QTHは？…」聞くと，ウォーキング・モービル谷中墓地….
　「本当ですか?! DTNの交信相手，聞こえなかったよ」だって?!
　ノー・カードでとのことで詳細はわかりませんが，確かにQSOしたんです！
JR1DTN

Chapter 06

電波の源
電源を準備しよう

6-1　移動運用に使う電源いろいろ

　移動運用に使う電源はさまざまです．ここでは一般的に使われている電源について紹介します．

■ 内蔵バッテリ

　ハンディ機やポータブル機に内蔵されている充電式バッテリ（**写真 6-1**）が，最も簡単な電源です．しかし，だいたいの機種が単 3 乾電池を使えるので，バッテリを使い切ったときのために，市販の単 3 乾電池をバックアップとして準備しておくとよいでしょう（**写真 6-2**）．

■ 乾電池

　なじみ深い電源の一つは乾電池です．通常よく見かける乾電池のサイズは，単 1 〜単 5，そして電圧が 9V の 006P でしょう．無線機の内蔵電源としては単 3 が主流です．乾電池の種類としては，マンガン乾電池，アルカリ乾電池，リチウム乾電池があげられます．移動運用における，それぞれの電池の特徴を簡単に説明します．

● アルカリ乾電池

　この中で，移動運用によく使われるのは，単 3 アルカリ乾電池ではないかと思います．ハンディ

写真 6-1　バーテックス スタンダードの FT-817 に内蔵されているニッケル水素バッテリ

写真 6-2　バーテックス スタンダードの VX-7 にオプションで用意されている乾電池ケース．アルカリ電池使用時は出力が最大 0.3W になる

写真 6-3　100 円ショップの安価な電池

96　移動運用で楽しむアマチュア無線

機やポータブル・トランシーバに広く使われ，入手もしやすいことがその理由です．単3アルカリ乾電池にもいくつか選択肢があります．このアルカリ電池を大きく次の三つに分けてみました．

① **100円ショップで販売されている安価な電池**

100円ショップの安価な電池（**写真6-3**）には安かろう悪かろうのイメージがありますが，慎重に電池を選べば想像以上に健闘してくれる電池が見つかります．ある程度の寿命があるうえに価格が安いので，コストパフォーマンスは，もっとも優れています．

② **電気店やコンビニエンス・ストアでも普通に見かけるスタンダードなアルカリ電池**

交信可能時間は100円ショップの安価な電池よりも延びるので，使い勝手が向上します．価格とのバランスも良好です．

③ **長寿命や長期保存をうたっている高性能アルカリ電池**

高価ですが，アルカリ電池の中では最も寿命が長い電池です（**写真6-4**）．1セットの電池で，少しでも長い時間運用したい人にお勧めです．さらに，自己放電が少ないので，非常時の備えとして準備しておくという用途にもいいでしょう．

● マンガン乾電池

トランシーバの電源としては，マンガン乾電池は不向きです．トランシーバを送信状態にすると大電流が一気に流れるため，電圧降下を起こして使えないこともあります．

● リチウム乾電池

最も高性能の乾電池です（**写真6-5**）．アルカリ乾電池の数倍の寿命があり，重量は約2/3程度とうたわれています．重量を軽くできるうえに低温にも強いので，山岳移動に向いている電池です．

ただし，価格はアルカリ乾電池の3倍～4倍ととても高価です．価格よりも性能を重視する方にお勧めです．

■ 充電池

● ニッケル水素充電池

このカテゴリーで最も一般的なのはニッケル水素充電池です．ニッケル水素充電池の弱点として，つぎ足し充電を続けると電池が劣化する「メモリー効果」が挙げられますが，三洋電機㈱から発売されている「eneloop（**写真6-6**）」のように，メモリー効果を起こしにくく，自己放電が大きく抑えられている製品が発売されています．容量は2,000mA前後と，ほかの大容量のニッケル水素電池に比べると少し控えめですが，移動運用から

写真6-4　高性能アルカリ電池の一つ EVOLTA（パナソニック）

写真6-5　リチウム乾電池 Energizer（エナジャイザー）

写真6-6　SANYO eneloop

帰ってきたら，電池の消耗に関係なくすぐに充電して保管しておけばいいので，取り扱いがとても楽になりました．移動運用で単3乾電池を使うなら，このような電池をお勧めです．

ニッケル水素充電池は，電圧が1.2Vなので乾電池より0.3V低くなります．このため，FT-817のように12Vで動作するトランシーバに，10本〜11本の電池をワンセットにした外付けバッテリを用意している方もおられます．

● 自動車用鉛バッテリ

自動車用の鉛バッテリ（**写真6-7**）は，安価で大容量を確保できるので，移動運用に利用している方は多いでしょう．50W出力での運用も可能です．

しかし，大きくて重いので，お手軽に持ち運びができるとは言い難いのが難点です．

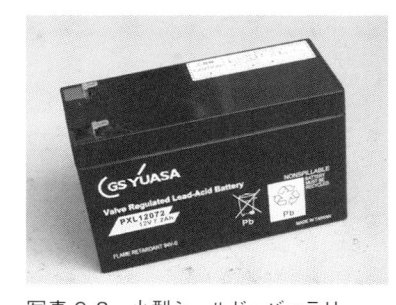

● 小型シールド・バッテリ

小型シールド・バッテリ（**写真6-8**）も利用者が多い電源の一つです．容量もいろいろラインナップがあるので，運用スタイルに合わせた製品を選びましょう．

シールド・バッテリの充電には，普通の自動車用バッテリ充電器は使えません．シールド・バッテリ専用の充電器を用意します．しかし，この充電器は高価なのが難点です．

そこで，秋月電子通商から発売されているシー

写真6-7　自動車用鉛バッテリ

写真6-9　組みあがったシールド・バッテリ用充電器（左）と小型シールド・バッテリ

写真6-8　小型シールド・バッテリ

写真6-10　人気がある発電機の一つ，ホンダEU9i

写真6-11　燃料用のガソリン専用の携行缶

ルド・バッテリ用の充電器キット「鉛蓄電池充電器パーツキット」を利用して，充電器を作れば安価に仕上がります（**写真 6-9**）．組み立てるためには，キットのほかにケースと AC アダプタが必要です．

■ 発電機

いわゆる「発々(はつはつ)」と呼ばれているガソリン・エンジンを使った発電機（**写真 6-10**）があれば，AC 100V 電源を確保できるので，蛍光灯やコンピュータの電源などの電化製品が利用できるメリットがあります．

しかし，「燃料用のガソリン専用の携行缶（**写真 6-11**）を準備する」，「2 サイクル・エンジンの場合は混合ガソリンが必要」，「一定時間に燃料の補給が必要」など，燃料の取り扱いにわずらわしさを感じるかもしれません．

トランシーバの電源として使う場合は，安定化電源を利用して 13.8V を得るようにします．発々からも DC 12V を確保できますが，電圧が安定しないので利用しないほうが無難です．

発々からは，多少の騒音が発生するので，オペレートする場所から少し離れた場所に設置します．そこからは，電源リールを利用して電源を引いてくればよいでしょう．もちろん，周辺に対しても迷惑にならないように注意します．

■ 自動車を電源として使う

自動車に搭載しているバッテリは，移動運用の電源としてとても重宝します．バッテリから直接電源コードを引いてくれば，50W 運用も可能です．ハンディ機なら，シガー・ソケットから電源を取っても大丈夫です．

ただし，バッテリを消耗してしまうと車が動かなくなってしまうので，注意が必要です．サブバッテリの搭載などで，バッテリ上がりを回避する工夫もあります．

自動車から電源を取る方法については，次項以降で詳しく説明します．

■ そのほかの電源

上記以外の電源として，リチウムイオン充電池や太陽電池など，さまざまな電源で移動運用を楽しまれている方がいます．電源の工夫も移動運用の楽しみ方の一つとしてもよいのではないかと思います．

移動場所によっては，商用の 100V が使えるところもあります．これは積極的に利用しましょう．電源の心配がなければ使える機材の幅が大きく広がり，移動運用の楽しさも大きく広がることでしょう．

〈CQ ham radio 編集部〉

6-2　クルマの便利な使い方　電源を確保する

■ 移動運用時の電源として

移動運用時の電源として，自動車に装着しているバッテリが大いに役立ちます．エンジンを掛けながらの運用であれば，バッテリがあがってしまうリスクも軽減されます．ここでは自動車から電源を確保する三つの方法紹介します．

■ 電源の取り方 1　シガー・ソケット

もっとも簡単な方法が，シガー・ソケットから

写真 6-12　シガー・ソケットから電源を取る

写真 6-13　自作したシガー・ソケット用電源コード．ヒューズ入り（5A くらい）のシガー・プラグ用コネクタに DC コードを極性を間違えないように取り付ける

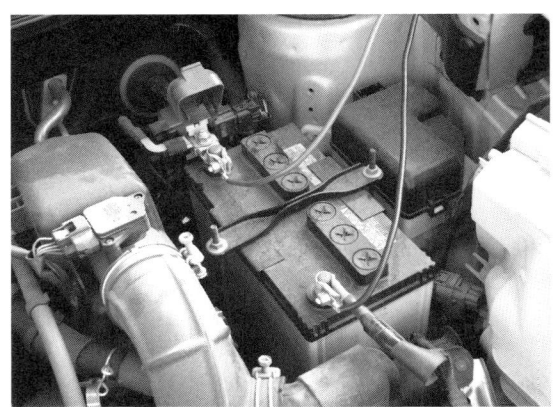

写真 6-14　バッテリに電源コードを直結する

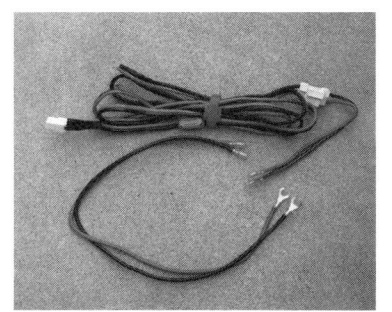

写真 6-15　加工したトランシーバの電源コード

写真 6-16　電源ケーブルの引き込み方法．ギボシ端子の部分で車体とショートしないように十分注意する

写真 6-17　カー用品店で販売されている「平型ヒューズ電源」

電源供給です（**写真 6-12**）．ハンディ機での運用や 5W 程度の出力にとどめて運用するのであれば，これがお勧めです．電源ケーブルは無線機メーカーのオプション品を使うのもいいですが，自作も簡単です（**写真 6-13**）．まずはこれを試してみてはどうでしょうか．

ただし，最近の車はシガー・ソケットがメーカー・オプションになっていることが多いようです．特にレンタカーの場合，禁煙車にはシガー・ソケットが付いていないことがあります．レンタカーを使っての移動運用を考えている方は，禁煙車を避けたほうがよさそうです．

■ 電源の取り方 2　バッテリから直接取る

50W の出力を確実に出したい場合は，車載バッテリから直接電源を取ります（**写真 6-14**）．電源ケーブルは圧着端子の先がクワ型のものを使うと便利です．トランシーバの電源ケーブルの先にギボシ端子や 2 極端子を付けておけば，先端だけを取り替えていろいろな電源に対応できます（**写真 6-15**）．

バッテリに装着した電源ケーブルは，少しあけたボンネットの隙間と窓を少し開けて引き込みます（**写真 6-16**）．このため，このままの走行はできません．

Chapter 06　電波の源　電源を準備しよう

バッテリにケーブルを装着する際は，ショートさせないように細心の注意を払って作業してください．そして，バッテリの近くにヒューズを入れるようにします．雨天時はショートする危険が大きいので，この方法はお勧めしません．

■ 電源の取り方3　ヒューズ・ボックスから

運転席内にあるヒューズ・ボックスから電源を取る方法があります（ヒューズ・ボックスの位置は取り扱い説明書で確認を）．20WクラスのFMトランシーバであれば，ここから取った電源でも対応できるので，電源を常設しておいてもいいでしょう．

● 準備

カー用品店で販売されている「平型ヒューズ電源」というコードを（**写真6-17**）をヒューズ・ボックス内のヒューズと交換して，電源を取り出します．

交換するヒューズは，切れた場合でも走行に直接影響を与えないものを選びます．この例では「ACCアクセサリ」の15Aヒューズと交換しました．ここから取れば，クルマのキーと連動して電源をON/OFFができるので便利です．「平型ヒューズ電源」は，交換するヒューズと同じ容量のものを用意します．

ただし，無線機器に供給できる電流は，この平型ヒューズの電流よりは少なくなります．

● 交換手順

交換手順は次のとおりです．

① 「ACCアクセサリ」のヒューズを探して，電流容量を確認します．確認できれば，ヒューズを取り外します．

② ヒューズを取り外した後，ヒューズ・ソケットのどちら側にバッテリ電圧が出るかをチェックします．エンジン・キーをACCの位置にして，テスタのマイナス側を，クルマの金属部分に接続します．プラス側のピンを先ほど外したヒューズ・ホルダに接触させながら，どちらの端子から約12Vの電圧が出ているかを確認します（**写真6-18**，**図6-1**）．

③ 「平型ヒューズ電源」のコードが出ている側（**写真6-19**）が，先ほど約12Vの電圧が出た側になるように，ヒューズ・ボックスに差し込みます（**写真6-20**）．

④ 「平型ヒューズ電源」のコードの先にはギボシ端子が付いているので，これを使ってコードを延長させます．先端には2極端子などを取り付けて，無線機器と接続できるように加工すればでき上がりです．

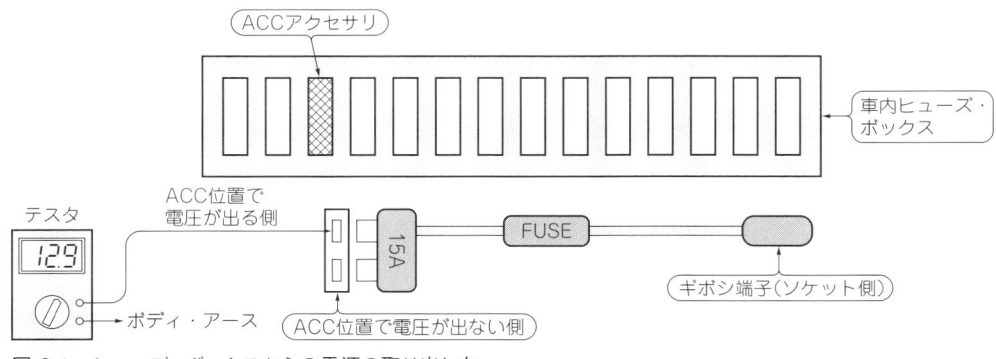

図6-1　ヒューズ・ボックスからの電源の取り出し方

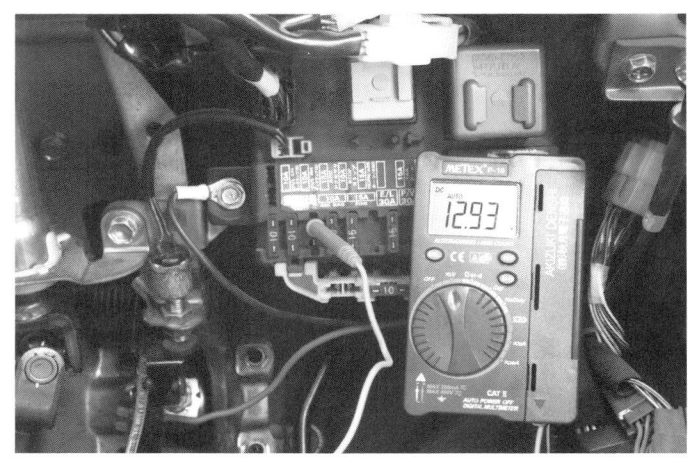

写真6-18 電圧が出ている側を確認．このクルマでは上側の端子に電圧が出ている

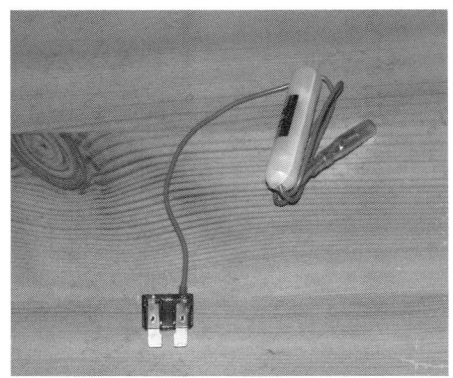

写真6-19 コードが出ている側の端子を電圧が出ている側の端子に接続する

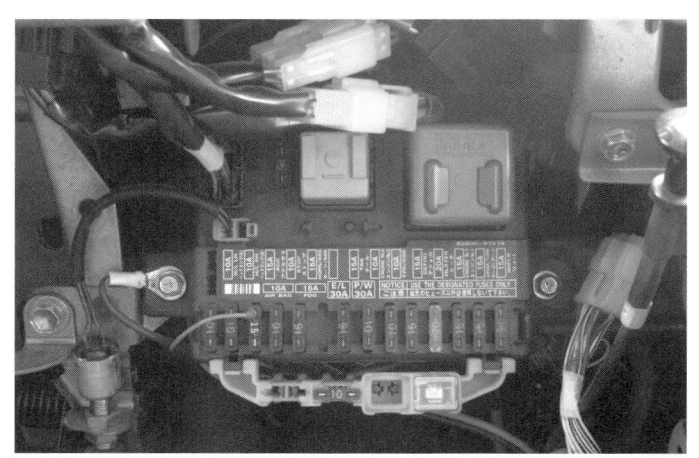

写真6-20 「ヒューズで電源」をヒューズ・ボックスに装着．アース側は車体とつながっているボルトに共締めする

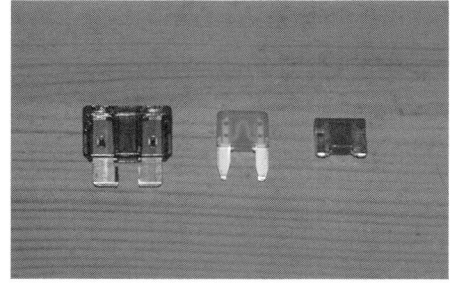

写真6-21 3種類の平型ヒューズ．左から平型ヒューズ，ミニ平型ヒューズ，低背ヒューズ

● 注意

車内のヒューズ・ボックスに使われている，ヒューズには平型，ミニ平型，低背型の3種類があります（**写真6-21**）．作業前には，マイカーがどのタイプのヒューズを使っているか確認しておきます．

最近のクルマは，ヒューズ・ボックスの周辺がしっかり囲われていることもあります．作業が困難だと感じたら，無理をせずにカー・ディーラーへ相談することをオススメします．この場合，ヒューズ・ボックスからではなく，バッテリから直接電源を引くことも，併せて相談してみるとよいでしょう．

■ まとめ

自動車の発電機を使っても，意外に運用できるものだと感じています．10年以上この方法で移

Chapter 06　電波の源　電源を準備しよう

動運用を楽しんでいますが，これまでにトラブルに見舞われたことはありません．しかし，バッテリ上がりなどのトラブルが起きる恐れもあるので，トラブルが起こっても助けに来てもらえる近場でのテスト運用から始めることをお勧めします．ある程度経験を積んでから，遠方での運用や長時間運用を行うとよいでしょう．

〈CQ ham radio 編集部〉

> **作業を行ううえでの注意**
> クルマから電源を取り出す作業をご自身で行った場合，バッテリ上がりや車載コンピュータの破損，最悪の場合は車両火災の発生などのリスクが考えられます．これらのリスクを理解したうえで，ご自身の責任のうえで今回紹介した作業を行ってください．たとえ事故が起こった場合でも，編集部がその責任を負うことはできません．少しでも不安がある場合は，カーディーラーのメカニックやカー用品量販店のサービス・スタッフに相談してください．

6-3　クルマから電源を取るときのアイディア集

■ 電源コネクタを統一しよう

移動運用の手法には，車による方法や，バッテリを含めて自力で運搬する方法があります．どの方法によっても，無線機を動かすためには，電源が必須です．

車載バッテリや，専用バッテリを用意して使う場合には，無線機の電源だけでなく，周辺機器へも電源の供給が可能になります．例えば，パソコン用のACインバータや50Wリニア・アンプなどです．この際，電源接続用のコネクタを統一しておくと，とても便利です．

筆者の場合は，カー用品店やホームセンターで販売されている「250型コネクター」に統一しています（写真6-22）．250型以外にも，「ギボシ端子」や「平型端子」など，いろいろな電源コネクタがあります．機器本体からバッテリへの電源ケーブル・コネクタを統一することで，接続ミスが防げるとともに，流用ができます．

筆者は，車のバッテリと直結している電源ケーブルに「250型2Pメス」を取り付けています（写真6-23）．無線機やDC/ACインバータ，リニア・アンプなどにはオス側を取り付け，各種機器を接続できるようにしています（写真6-24）．運用目的に合わせて，持って行く無線機を変更する場

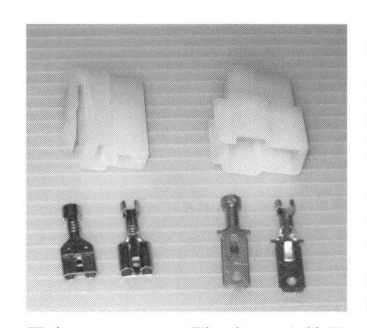

写真6-22　250型コネクタと端子

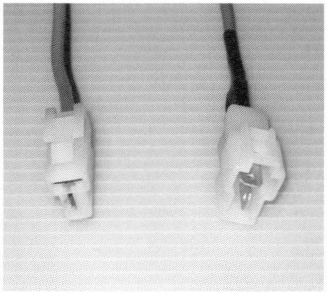

写真6-23　加工した電源ケーブル．左がバッテリ側，右が無線機側

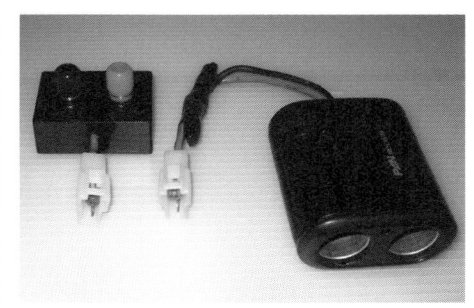

写真6-24　増設したシガー・ソケットとターミナル

合も，電源コネクタを統一しておくと，とても便利です．もちろん予備バッテリも，同じコネクタにしています．

なお，250型コネクタの規格は「定格電流容量20A」「使用電線0.5〜2.0sqまで」となっています．ご注意ください．今回使用した250型コネクタのほかに，ロック機構の改良型や防水型など，多様・高性能のコネクタが発売されています．使用状況に合わせて選択してください．

■ 車のヒューズは常備薬！

移動運用に限ったことではありませんが，車で移動する場合には，ブレード型ヒューズの予備は必ず持ちましょう．車に使われているヒューズは7.5A〜30Aと各種ありますが，すべては必要ないと思います．筆者は，15A，20A，30Aを2本ずつ常備しています．

移動運用の最中に，DC/ACインバータのケーブルの接続ミスをしてしまい，シガー・ライター系統のヒューズが飛ばしてしまったことがあります．この電源系統でリレーを動作させて，バッテリから電源を取っていたので，予備のヒューズがなければお手上げになるところでした．

老婆心ながら，愛車のヒューズ・ボックスの位置とブレード型ヒューズのサイズは確認しておきましょう．詳しくはクルマの取り扱い説明書で確認できます．また，ヒューズにはサイズがあるので，前もって確認したうえで予備のヒューズを用意しておくことをおすすめします．

シガー・ライターに無線機やDC/ACインバータをつなぐことは，車にとっては，"想定外"かもしれません．

■ バッテリ直結の電源ケーブルを車内へ引き込むには

モービルから50W出力で運用したいときには，バッテリから直接電源を取る必要があります．その際一番の難関は，電源ケーブルを車内へ引き込むことではないでしょうか．

最近の車のエンジン・ルーム内は，超複雑怪奇…，じっとのぞきこんでも，通線ができる場所はなかなか見つかりません．自力での安全なケーブル引き込みは無理！と断念し，カーディーラーのエンジニアに相談しました．

幸いにも，電源ケーブル車内に引き込む作業を依頼することができました．ただし，車内の配線

写真6-25 きれいに仕上がった電源ライン．ただし，バッテリへの接続は自分で行う

写真6-26 車内に設置した電源ターミナル

とバッテリに電源ケーブルをつなぐ作業は，自分の責任の下に自分で行ってほしいとのことでした．

作業は，車の定期点検時一緒に行い，趣旨を説明しケーブルを渡しました．若干の経費（技術料）は必要でしたが，安全への投資です．きれいに作業を行っていただけました（**写真 6-25**）．一緒に，シガー・ライター系から ACC スイッチ連動の電源端子も出してもらいました（**写真 6-26**）．助手席下に，ACC 連動リレーを取り付け，無線機電源，周辺機器電源を取り出せるようにしました．

すべてのカーディーラーで対応してくれるとは限らないので，エンジニアと相談してください．安全面やメインテナンス対応の面で断られることもあります．あくまでも，ご自身の責任で実施してください．

〈JR1CCP　長塚　清（ながつか きよし）〉

※ここで紹介したアイディアは各自の責任の下行ってください．万が一損害が発生した場合でも，筆者および編集部は責任を負うことはできません．

6-4　自動車用ノイズ・フィルタの装着

■ ノイズを抑えるために一工夫

移動運用を一番簡単に行えるのは，車で山や海に出かけて，車に取り付けた無線機とアンテナでそのまま運用するスタイルでしょう．これだと，天候，電源，時間等を気にしないで良いかもしれません．

しかし HF 帯においては，走行中や停止中でも車から電源を取る場合は，エンジンからのノイズが入ります．ノイズ対策としては，アンテナ基台の確実な取り付け，車の発電機や点火プラグの火花対策，ドア，ボンネット，トランクのボンディングなどがあります．

■ ノイズ・フィルタを装着する

私はここで，バッテリから引いている電源に，アドニス電機の MFL-30D（**写真 6-27**）を取り付けてみました．取り付け方法は，バッテリから無線機につながる電源コードの間に入れるだけです．これに分割コアも組み合わせています（**写真 6-28**）．

写真 6-27　ノイズ・フィルタ　アドニス製 MFL-30D

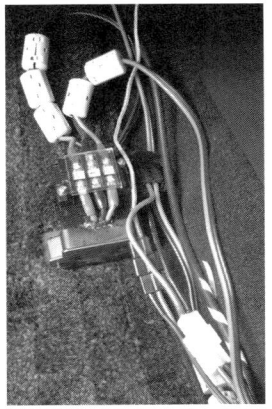

写真 6-28　ノイズ・フィルタの装着例

結果は，ノイズが大幅に減りとても良くなりました．走行しながらでも HF 帯の運用ができるようになりました．これもノイズ低減対策の一つですね．

ノイズに悩まされている方はこれもご検討ください．

〈JA1FLG　小野 眞裕（おの まさひろ）〉

Chapter 07

もっと移動運用を楽しむために便利なアイディアを教えます

移動運用をより楽しむためのアイディア集です．少しカタイ話や耳のイタイ話もありますが，知っておいてソンはないことばかりです．

ぜひあなたの移動運用に役立ててください．

7-1 移動運用時のログ技いろいろ

■ 超オススメ！ ハムログの環境設定でこんなに簡単にログが入力できる！

移動運用でハムログを使うとき，何かと気ぜわしくて落ち着いて入力できないもの．でもリアルタイム・ロギングをしたい欲張りなあなたに！

① 「オプション」→「入力環境設定」の画面を出し，「各入力項目」の Time 以外は全部チェックを外す（図7-1）．

② Remarks1 保存にチェックを入れる．

③ 保存をクリック．

これで，ハムログの入力画面でコールサインを入力して Enter．すると時間の欄にカーソルが移

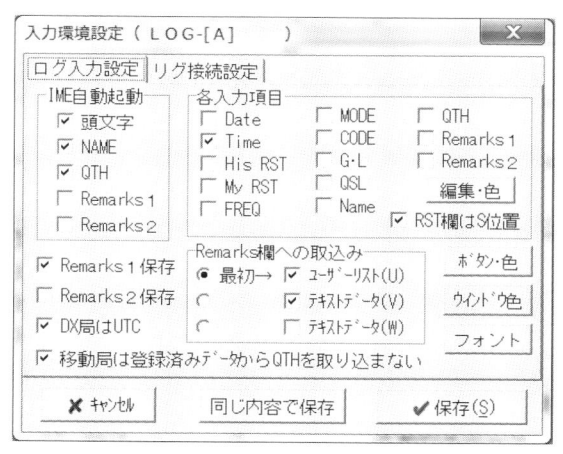

図7-1 チェックを外した項目にはカーソルが移動しない

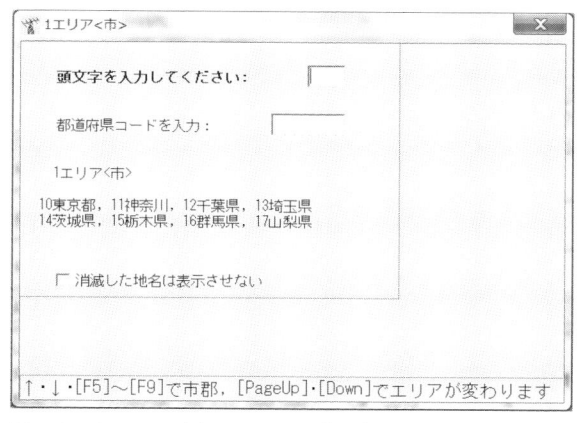

図7-2 カーソルがどこにあっても「F5」～「F9」を押すと QTH の検索画面が表示される

Chapter 07　もっと移動運用を楽しむために　便利なアイディアを教えます

動．何も入力する項目がなければ，そのままEnterで保存となります．何回もEnterキーを押す必要はありません．

　もし，名前を入力したいときは，Altキーを押しながらアンダーバーのついている文字の「N」を押します．すると名前の欄にカーソルが移動します．市や町村名を入力したいときは，カーソルがどこにあっても「F5」～「F9」キーで，市郡区町村の検索画面が出てきます（図7-2）．検索窓に，読みの頭文字を入れてEnterキーで候補が出ますから，左の行番号のアルファベットで目的の市を選択します．

　もうお気づきですか？　「マウスは使わない」「Enterキーは最小限に」．これが簡単入力のポイントです．

■ ハムログのコメント欄を印刷

　Remarks1の欄に半角の「%」で囲んだ文字列を残しておくことによって，QSLカード印刷時にその文字列が印刷できます．例えば移動運用地を印刷する場合は「%野田市移動 JCC1208 GL：PM95WW%」というようにすればいいのです．

環境入力設定でRemarks2の保存もチェックしておけば，さらにコメントを残すことができます．

■ 紙ログ（？）を使う

　移動運用の際，パソコンでハムログを使わないときは，紙ログを使うことになるでしょう．このログは，市販のログ帳ではなく普通のノートでかまいません．一行か二行にコールサイン，時間，RSレポート，QTH，名前などをメモすればそれでOKです．ただ，これを自宅のログに書き写したり，パソコンに入れるときは，ミスのないように！

　さて，紙もない場合はどうするか…．携帯電話に録音する，携帯電話のメール作成で記録し自宅あてに送信するなどが考えられます．モービル運用の場合，窓ガラスに書く，ダッシュボードに書くというツワモノも…．いろいろ考えるものですねぇ．

　筆者は車にメモ用紙と筆記用具を常備しています．突然の運用にも対応でき，場所も取りません．

〈JR1DTN　佐藤　哲（さとう あきら）〉

7-2　機材のコンパクトなまとめ方

■ 機内持ち込みサイズのバック1個と釣り竿ケースで全国を移動

　私（7N4BGU）は，運用地の近くまで電車（遠距離の場合は飛行機）で行き，そこからレンタカーを使う方法をよく利用するため，いかに手荷物をコンパクトにまとめるかを工夫しています（写真7-1）．

● 無線機や小物はキャリー・バッグに

　アンテナ以外の無線機や小物，着替えなどは，小型のキャリー・バッグに収納します．この場合，無線機が受ける振動を和らげるために，着替えなどをクッションとして上手に活用するのがポイントです．私の場合は，飛行機の機内持ち込みサイズと言われている，3辺の合計が100cmのバッグにFT-100を入れています．

写真 7-1　移動運用時の荷物

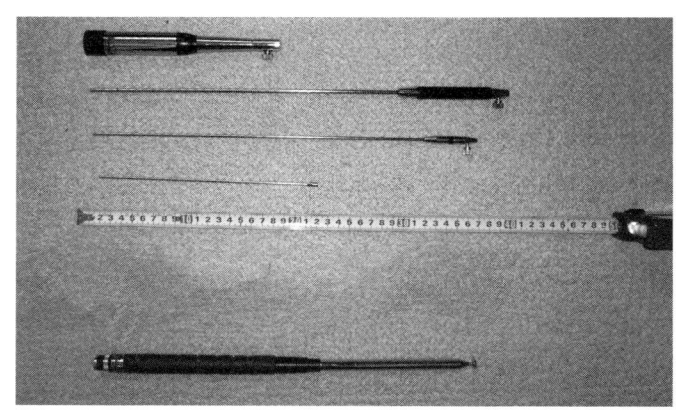

写真 7-2　小さく分解したアンテナ

● アンテナは釣り竿ケースに

　アンテナは，釣具店で入手できる長さ 125cm の釣り竿ケースに収納し，7MHz～144/430MHz の長めのホイップ・アンテナを計 5 本入れています．もちろん，1 本でカバーできるアンテナを使えば軽量化が図れますが，私は，ほとんど調整がいらないモノバンドのアンテナを中心に愛用しています．

■ 7～430MHz 帯のアンテナを機内持ち込みサイズのバックに収納

　長めのホイップ・アンテナを釣り竿ケースに入れて移動運用を続けていると，「今回は観光を中心として，良い場所があれば軽く電波を出す程度にしようかな」といった運用パターンも増えてきました．そうなると長さ 125cm の釣り竿ケースを持ち歩くのが面倒になり，なんとか無線機の入った機内持ち込みサイズのキャリー・バッグ 1 個（工具を入れているため飛行機の場合は預け荷物にしています）にできないかを考えるようになったのです．

　私のキャリー・バッグの対角内寸は約 40cm なので，既製品の 144/430MHz の短めのホイップなら入りそうです．でも，せっかくなので 7～430MHz までカバーできる装備にしたいと思い，まずは，50/144/430MHz の 3 バンドをカバーして，なるべくゲインのあるアンテナを探しに秋葉原に行きました．ホイップ・アンテナは，何本かのエレメントをつなぎ合わせている構造なので，このつなぎ目をばらしたときに，最も長いエレメントが 40cm 未満になればよいのです．見つけたアンテナ（**写真 7-2**）は，全長 1m 強ですが最大で五つに分解できました（最終的には四つに分けた状態で利用）．

　使用するときは，つなぎ合わせてネジを締めます．しかし，移動先で小さな六角ビスを締めたり緩めたりするのは結構面倒なうえ，もし現地でビ

スをなくしたら大変です．そこで，手でも回せるツマミがついたビスを購入し，簡単に組み立てや分解ができるようにしています．

HF 帯用のアンテナは，マルチバンドのロッド・アンテナ・タイプのホイップが，そのままバックに入りました．しかし，コネクタが BNC なので，BNC-J ⇔ MP の変換コネクタを一緒に持ち歩いています．

市販のマグネットアース・シートと併用しますが，短縮系のアンテナなので，やはりアンテナ・チューナ内蔵のリグが欲しいところです．

〈7N4BGU　菊地 真澄（きくち ますみ）〉

7-3　一番手軽な情報源を活用
移動運用のときは NHK 第 1 放送を聞こう！

V/UHF を中心にした車での移動運用のときに，電波状況を確認する目安のために FM 放送を聞きながら山道を登る方も多いと思います．私は移動運用をしているときは，どこに行っても NHK 第 1 放送（AM 放送）を聞くようにしています．理由は二つあります．

一つは自分の身を守るためです．例えば，海沿いで運用をしている際に津波警報や注意報が出ても気が付かなかったら大変です．特に海外で大地震があった影響で襲ってくる津波は，地震が体感できないので外部からの情報がない限りわかりません．

もう一つは家においてきた家族のためです．例えば，遠方に移動運用に出掛けたときに関東地方で大きな地震があったとします．いち早く情報を得ることで，家族と連絡をとるとか帰宅の用意をするといった次のアクションが早くできます．無線に夢中になってしまい，かなり後になってから気づき行動が後手になることが避けられます．

私の過去の経験から，運用地周辺の地元と全国の非常情報の両方が，まんべんなく入手できるのが NHK 第 1 放送だと思います．各地の NHK 第 1 放送の周波数は**表 7-1** のとおりです．移動先での設営作業時や QSO の合間などに，カーラジオのスイッチをちょっと入れてみませんか？

〈7N4BGU　菊地 真澄（きくち ますみ）〉

> ※上記は筆者の経験談を紹介したもので，身の安全を保証するものではありません．また何かあっても筆者は何ら責任を負うこともできません．身の安全は自己責任のもとで確保してください．

表7-1 各地のNHK第1放送の主な周波数

エリア	都道府県名	放送局名	周波数[kHz]	エリア	都道府県名	放送局名	周波数[kHz]	エリア	都道府県名	放送局名	周波数[kHz]	エリア	都道府県名	放送局名	周波数[kHz]
1	東京都	東京	594		島根県	石見	846		大分県	日田	1026		宮城県	鳴子	1161
	神奈川県	東京	594			六日市	1323			竹田	1323			気仙沼	1161
	千葉県	東京	594		山口県	山口	675			玖珠	1341			志津川	981
	埼玉県	東京	594			萩	963			中津	981		福島県	福島	1323
	茨城県	東京	594			下関	1026		宮崎県	宮崎	540	7		原町	1026
	栃木県	東京	594			岩国	585			延岡	621			郡山	846
	群馬県	東京	594			須佐	1368			都城	1161			会津若松	1161
	山梨県	甲府	927		鳥取県	鳥取	1368			小林	1026			いわき	1341
		富士吉田	1584	4		倉吉	1026			日南	1341			双葉	1161
	静岡県	静岡	882			米子	963			高千穂	1584			田島	1341
		熱海	1161		広島県	広島	1071			串間	1026			只見	1584
		御殿場	1026			呉	1026		鹿児島県	鹿児島	576			西会津	1368
		浜松	576			三次	1584	6		名瀬	792		北海道	札幌	567
		佐久間	1341			東城	792			阿久根	1026			函館	675
		水窪	1584			福山	999			徳之島	1341			江差	792
	岐阜県	名古屋	729			福山木之庄	1161			瀬戸内	1026			旭川	621
		中津川	1161			庄原	1161			大口	1503			名寄	837
2		高山	792			府中	1026			宇検(FM波)	81.3MHz			留萌	1161
		萩原	1341			世羅	1224			住用(FM波)	78.3MHz			稚内	927
		白鳥	1161		香川県	高松	1368		沖縄県	那覇	549			遠別	792
		郡上八幡	846			観音寺	1584			平良	1368	8		室蘭	945
		神岡	1341		徳島県	徳島	945			石垣	540			浦河	1341
	愛知県	名古屋	729			池田	1161			名護	531			釧路	585
		豊橋	1161			松山	963			祖納(FM波)	85.2MHz			中標津	1341
		新城	1026			今治	792			与那国(FM波)	83.5MHz			根室	1584
	三重県	名古屋	729			新居浜	531		青森県	青森	963			帯広	603
		上野	1161			八幡浜	1368			弘前	846			北見	1188
		尾鷲	1161	5	愛媛県	宇和島	846			八戸	999			新北見	1584
		熊野	1368			大洲	792			十和田	1161			遠軽	1026
	京都府	大阪	666			宇和	1584			田子	1026		富山県	富山	648
		京都	621			城辺	1341			深浦	1584		福井県	福井	927
		舞鶴	585			野村	1323			野辺地	846			敦賀	1026
		宮津	999		高知県	高知	990		岩手県	盛岡	531			小浜	1161
		福知山	1026			中村	999			釜石	846			勝山	1584
	滋賀県	大阪	666			宿毛	1026			宮古	1026			三方	1584
		彦根	945			大正	1368			大船渡	576		石川県	金沢	1224
3	奈良県	大阪	666			須崎	1323			久慈	1341			輪島	1584
	大阪府	大阪	666			窪川	1341			遠野	1341			七尾	540
		大阪	666		福岡県	北九州	540			山田	1323			山中	1026
	和歌山県	新宮	1026			福岡	612	7		岩泉	792			新潟	837
		田辺	1161			佐賀	963			田野畑	1224			高田	792
		古座	585		佐賀県	伊万里	531		秋田県	秋田	1503			津南	1161
	兵庫県	大阪	666			唐津	1584			横手	1341	9	新潟県	糸魚川	999
		豊岡	1161			長崎	684			湯沢	1584			六日町	1323
	岡山県	岡山	603			福江	945			大館	1161			十日町	1341
		津山	927		長崎県	島原	1584			花輪	1341			柏崎	981
		新見	1341			佐世保	981			小坂	1584			小出	1368
		久世	1323	6		平戸	1341			本荘	1026	0		長野	819
		北房	1584			諫早	927			二ツ井	1026			小諸	1026
4		松江	1296		熊本県	熊本	756		山形県	山形	540			上田	1341
		益田	1341			人吉	846			新庄	1341			松本	540
	島根県	浜田	1026			水俣	1341			米沢	1026		長野県	飯田	621
		江津	1323			阿蘇	1503			鶴岡	1368			岡谷諏訪	1584
		匹見	1584			南阿蘇	1026			温海	1584			駒ヶ根	999
		津和野	999		大分県	大分	639			小国	1584			木曽福島	981
		川本	1368			佐伯	1161		宮城県	仙台	891			伊那	1341

Chapter 07　もっと移動運用を楽しむために　便利なアイディアを教えます

7-4　移動運用中の看板を出す

■ 移動地に着いたら

　機材など一式を車に積んで目的地に着きました．次に行うことは？

　"早くアンテナを設置して電波を出そう"と，はやる心を抑えてその前に，電波の飛びそうな場所，景色の良い場所，周辺の安全，雷雨・突風時対策，テントやタープの設置許可，無線の許可は，と確認することがあります．

　また，われわれが行う「無線の移動運用」は，ほかの人から見たら

何をしているのだろう？
何か変なことをはじめたのか？
変な人がたくさんいるよ？
怪しい機材がたくさんあるぞ？

と思われがちです．そこで，健全にアマチュア無線を楽しんでいることを表示しておくと，無用のトラブルを避けられます．

■ 看板を出して PR する

　最初に「アマチュア無線移動運用」であることを表示しておけば変に疑われることもありません（写真 7-3，図 7-3）．

　私も以前に，何をしているのですか？ と聞かれたり，警察官に職務質問されたことがありました．説明すればなんでもないことなのですが，そのときにあらかじめ表示をしておけばよかったのかなと思うことがたびたびありました．移動運用のときには最初に，ポスター，のぼり，クラブ旗などを掲げれば，「健全な（？）」アマチュア無線であることを周辺の方にPRできてよいでしょう．

■ 思わぬ出会いが

　また，通りかかった方から，
「電波はどこまで飛ぶのですか？」
「私もアマチュア無線をやっています」
「今はリタイヤしていますが，以前には○○電気に勤めていて，○○の研究開発をしていました」
「開局申請の書類を持っていますが，わからないところがあるので教えてください？」（これは標高 1,200m の高原で聞かれました．hi）
などと話しかけられて，初めてお会いしたのにお話が楽しく弾んだことがありました．

写真 7-3　移動運用中の看板を表示

図 7-3　移動運用の看板の例

写真 7-4　免許情報の表示例

図 7-4　記念局の看板の例

図 7-5　このようなのぼりを作ってもFBかも

私は，ポスターをパウチ（ラミネート加工）して数種類車に積んであります．裏面に免許情報をプリントしたものもあります（**写真 7-4**）．A4サイズの紙ならパソコンで簡単に作れます．図案を考えるのも楽しいものです．

予算があれば「のぼり」「旗」などいろいろと作るのもいいと思います．

■ そのほかの例

看板は，コールサインなし，コールサイン入り，記念局用（**図 7-4**）とか数種類製作して状況に応じて使い分けています．旗とかのぼり（**図 7-5**）のように大きいものもよいかもしれません（目立ちたがり屋さんにもお勧めです，hi）．

ぜひ皆さんも，移動運用中の看板を出してみてください．そして楽しい運用を!!

〈JA1FLG　小野 眞裕（おの まさひろ）〉

7-5　移動運用のP・D・C・A（Plan・Do・Check・Action）を回そう！

最近仕事の場面で「PDCAを実践せよ！」[※1]と言われています．これを，移動運用に適用しましょう．

① **Plan**…どこへ行こうか？ どのバンドにQRVしようか？ 持ち物リストを作る．
② **Do**…移動地へのアクセス，実際のアンテナ架設，オペレート，撤収，収納，帰宅．
③ **Check**…計画と運用で問題はなかったかを振り返る．忘れ物・遺失物はなかったか，面倒な作業はなかったか，危険な作業はなかったか，工夫することはなかったかなど．
④ **Action**…運用を振り返り，その解決策を考える．あると便利なものは工夫して作る．作業が簡単にならないかなどを検討する．

上記の①～④を踏まえたうえで，次の移動運用の計画を立てるのです．次回はより効率的で充実

Chapter 07　もっと移動運用を楽しむために　便利なアイディアを教えます

した移動運用が行えます．これを繰り返すことにより，より質の高い移動運用が行えるようになっていくでしょう．

〈JR1CCP　長塚　清（ながつか　きよし）〉

※1　PDCA（PDCAサイクル）とは製造業や建設業などで，管理業務をスムーズに行うための管理サイクル・マネジメントの一つ．

7-6　アンテナ引き出し同軸ケーブルと分割同軸ケーブル

■ 引き出し同軸ケーブル

引き出し同軸ケーブルとは，アンテナ本体にあらかじめ取り付けおく，短め（50cm）の同軸ケーブルのことです（**写真7-5**）．1200MHz帯などのアンテナでは，8D-FBや10D-FBの同軸ケーブルを直接アンテナに接続すると曲がり処理が手に負えません．マスト部分まで5D-SFAで伸ばしておくと，それ以降を太い同軸ケーブルで引き下ろせます．GPアンテナでも，マウント部分の取り付けが楽になります．

■ 分割同軸ケーブル

分割同軸ケーブルは，ある程度の長さ（5m/10m）にした同軸ケーブルを，組み合わせて使う方法です．10m物を2本，5m物を3本準備すると，10mで3系統，35mで1系統のアンテナが引き込めます．

筆者の場合は，軽量化のために50MHz以下は3D（RG-58）系，144MHz以上は5D系を準備しています．MJ-J中継コネクタを常備して，輪にして保管しています（**写真7-6**）．長い同軸ケーブルを引き回すより，準備と片付けが簡単ですよ（ただし，減衰が気になる方にはお勧めしません）．

写真7-5　1200MHzの八木アンテナに接続した引き出しケーブル

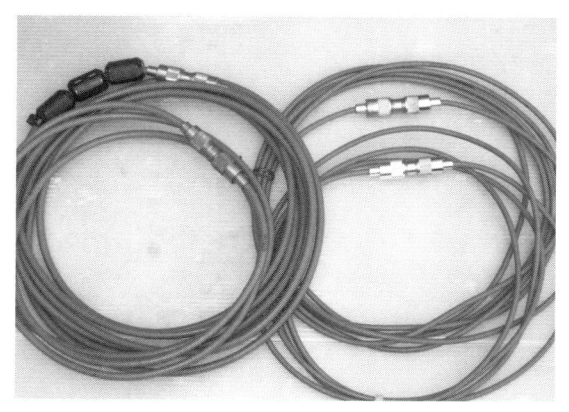

写真7-6　MJ-Jコネクタでまとめた分割同軸ケーブル

7-7　変換コネクタと変換ケーブル

■ 変換コネクタ

　移動運用中に変換コネクタが欲しいシーンはありませんか？　しかしイザ使おうとすると見当たらないことも….

　そこで，まとめてケースに入れて，移動運用セットの中に収めておくといいでしょう（**写真 7-7**）．ちなみに，これまでの経験で使用頻度の高い変換コネクタは，「MJ-BNCP」「MJ-MJ（中継コネクタ）」「MP-BNCJ」「BNCJ-SMAP」「MJ-NP」「NJ-MP」です．「MJ-SMAP」は後述の変換ケーブルを愛用しています．

　これに加えオーディオ用の「φ3.5 ステレオ・ジャック→φ6.5 ステレオ・プラグ」「φ6.5 ステレオ・ジャック→φ3.5 ステレオ・プラグ」の変換ジャックがあれば，ヘッドホンやCW パドルのプラグが合わなかったときに使えます．

■ 変換ケーブル

　ハンディ機に外部アンテナを接続する際，変換コネクタを使って太い同軸ケーブルを直接つないでいる方もいらっしゃるでしょう．しかし，同軸ケーブルに予想外の力がかかってしまうと，ハンディ機も一緒に動いてしまうことがあります．場合によっては，ハンディ機本体のコネクタを破損させてしまうかもしれません．最近主流のSMAコネクタは，細身なので特に不安になります．

　これを防ぐために，変換コネクタは使わずに，変換ケーブルを使用しています（**写真 7-8**）．無理なストレスがコネクタにかからないので，安心して運用に使えます．多少のケーブル・ロスはあるはずですが，あまり気にしていません．無線機が壊れてしまっては，運用ができなくなってしまいますから，hi．

〈CQ ham radio 編集部〉

写真 7-7　変換コネクタはまとめてケースに入れておく

写真 7-8　変換ケーブルを使うと無理なストレスがかからず安心

Chapter 07　もっと移動運用を楽しむために　便利なアイディアを教えます

7-8　移動運用専用車の工夫

　家族と共用の車で移動運用に出掛けるときには，無線機やアンテナ，ケーブル，マストなどを，その都度積み込んでいました．当然帰宅したら，降ろさなくてはなりません．これは移動運用の楽しみですが，ちと面倒なときもありますね．

　筆者は1年ほど前から10年越えの軽自動車「ダイハツ ムーブ（**写真7-9**）」を無線に占有して使えるようになりました．ワン・ボックスでもない普通の軽自動車を自分なりに快適な無線空間にしてみました．オリジナルの工作もありますが，多くはCQ誌をはじめとする雑誌やWebの情報が頼りです．真似もありますが，まったく同じにはならないのが現実です．

　今回行った工夫を，リストアップして紹介します．

■ アンテナとトランシーバの設置

① アンテナ基台の取り付け

　モービル用のアンテナ基台をV/UHF帯用とHF帯用の2個を取り付けています（**写真7-10**）．HF帯用とするほうは，しっかりとアース処理をしておきます．V/UHF帯用でアースが必要なときは市販のマグネットアース・シートを使います．

② アース処理

　HF用の基台のアース処理は，16-8sqの圧着端子に同軸の編組線，もう片方は圧着端子でボディにタッピング・ビスで止めています（**写真7-11**）．さびないようにエアコン・パテを盛っています（**写真7-12**）．

③ ケーブルの引き込み

　アンテナ基台のケーブルがつぶれずに，かつ雨が室内に流れ込まなければ合格とします．ドア・ピラー沿いに引き下ろし（**写真7-13**），ドア下側で引き込んでいます（**写真7-14**）．右側後部座席とリアゲートの2系統を引き込んでいます．

④ アンテナ引き込み窓

　常設の基台からの同軸ケーブルの引き込み以外

写真7-9　筆者の無線専用車 ダイハツ ムーブ

写真7-10　ルーフ・レールとキャリア・バーに基台を設置．手前がHF帯用

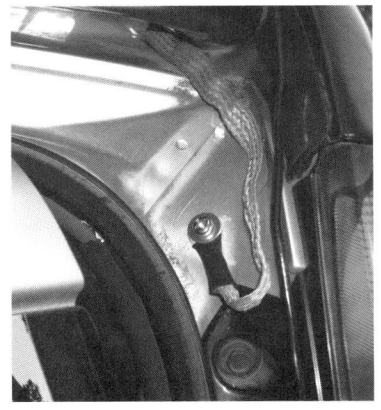

写真 7-11　タッピング・ビスでボディに留めた部分

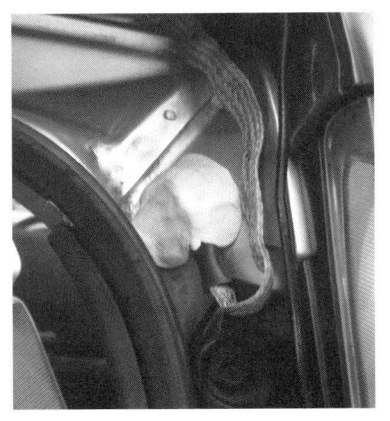

写真 7-12　エアコン・パテで防水処理を施す

写真 7-13　ドア・ピラー部分から同軸ケーブルを引き込む

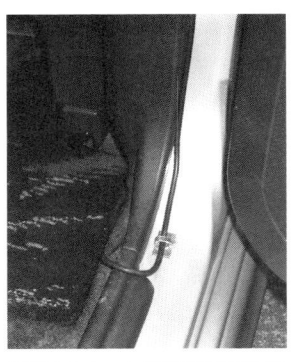

写真 7-14　右側後部座席下側から同軸ケーブルを引き込む

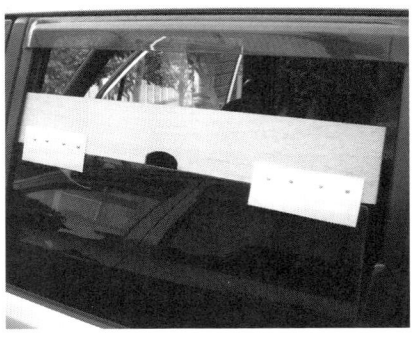

写真 7-15　ベニヤ板に切り込みを入れる

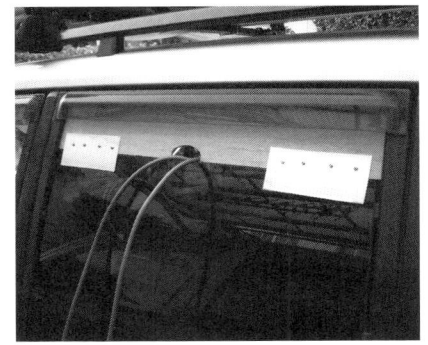

写真 7-16　同軸ケーブルを引き込む

に，移動運用の際には追加で同軸ケーブルを引き込むことが多くなります．これは，移動運用時のアンテナ引き込みアダプタです．窓ガラスの上部10〜15cmくらいを形に合わせてベニヤ板を切り（**写真 7-15**），20cm×10cmほどのアルミ板でガラスをはさむようにしました．この切り込みから同軸ケーブルを引き込みます（**写真 7-16**）．これでプラスチック製のサンバイザーを割ることがなくなります．

⑤ 電源の確保

ハンディ機ならシガー・プラグ（最大7〜8A）で大丈夫ですが，10W機以上となるとバッテリから引き出す必要があるでしょう．10年前の車（ダイハツ ムーブ）なので，エンジン・ルームと車室間にゴムのグロメットが見つかりました（**写真 7-17**）．ここに針金を呼び線として挿入し，通線ができました．取り出した電源は，端子ボックス（**写真 7-18**）を通して各機器に供給しています．

しかし，最近の車は隙間もなく，こうはいきません．整備工場で定期点検や車検の際に通線してもらうのがベストです．

Chapter 07 もっと移動運用を楽しむために 便利なアイディアを教えます

写真 7-17 グロメットから電源ケーブルの引き込み

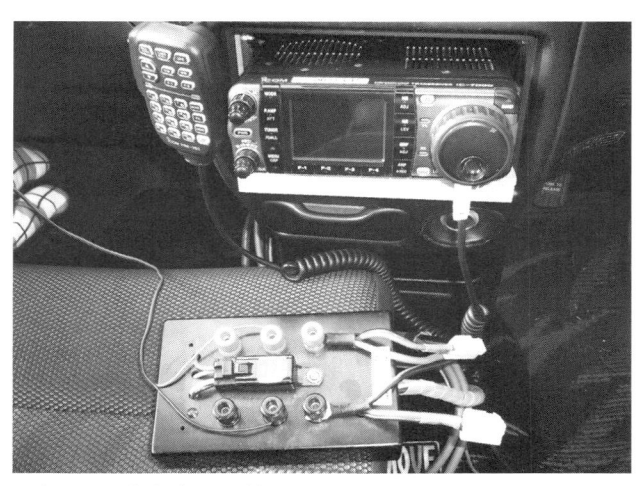

写真 7-18 車内引き込み端子ボックス

写真 7-19 トランシーバの搭載例

写真 7-20 カバーを外した状態

写真 7-21 木製のトランシーバ置き台

⑥ リグの設置

シートの上に置いただけでもいいでしょうが，すべり落ちて壊れたり，運転がおろそかになってはなりません！ キチンと置ける場所を作ります．

写真 7-19 は筆者の加工例です．オーディオや空調操作部のカバーを外し，ふた付きボックスを外したら 2DIN サイズのスペースがありました（**写真 7-20**）．L 型アルミ・アングルとラワン材で棚（**写真 7-21**）を作って IC-7000M を載せています．

> ご注意…車内パネルの取り外し，加工は車種によってすべて異なります．プラスチック製のパーツが多用されているので割れ，欠けには十分注意し，かつ自己責任での作業をお願いします．

⑦ 接続中継ケーブル

⑥で説明したように無線機を設置した際，アン

移動運用で楽しむアマチュア無線 | 117

テナ，電源，オート・アンテナ・チューナ，CWのキーなどの接続用に中継ケーブル（**写真7-22**，**写真7-23**）を出しておくと，アンテナのつなぎ変えやオート・アンテナ・チューナの接続時に便利です．

■ 機材の保管と運搬

移動運用のたびに，持ち運ぶアンテナや周辺機器が増えてきます．車内の限られた空間では，いかに取り出しやすく収納するかがポイントになります．

① 車内での配置，置き場

移動運用で一番大きくて長い物は，アンテナかポールですね．自分の車には最大どれだけの長さの物が入るかを確かめてみましょう．4.5mクラスの伸縮ポールを使って，いろいろな場所，方向に入れてみます．筆者の車は助手席，リアシートのどちらも倒すと2.2m近くの物が入りました．

愛用しているフジインダストリーの8mポール（縮長2.08m）は車内に積めました．このポールがルーフ・キャリアから落ちたら大事故を引き起こすのは明白です．筆者は車内に入れて運ぶことにしています（**写真7-24**）．ステー・リングのカタカタ音が気になったので，ゴムバンドで仮固定しています．ポールの根元と先端には，鍋つかみ用のミトンを被せて，内装を保護しています．

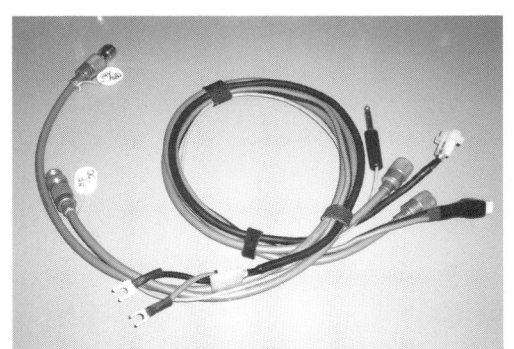

写真7-22　接続中継ケーブル

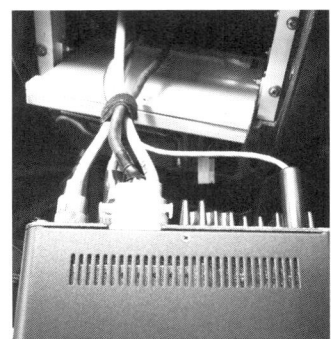

写真7-23　中継ケーブル無線機側

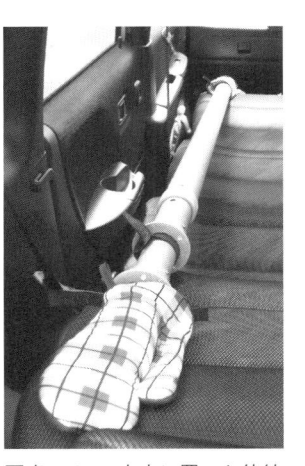

写真7-24　車内に置いた伸縮ポール．両端をミトンでカバー

写真7-25　ルーフ・ボックス

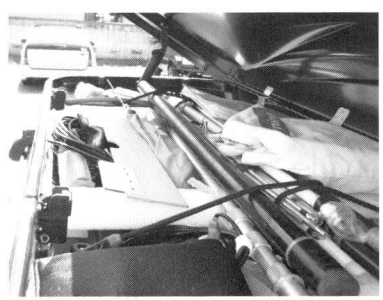

写真7-26　ルーフ・ボックスの内部

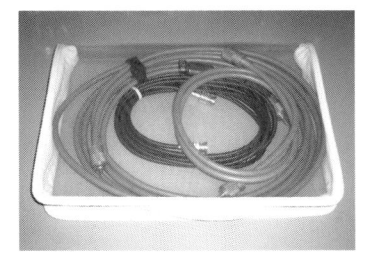

写真7-27　同軸ケーブルの整理

Chapter 07　もっと移動運用を楽しむために　便利なアイディアを教えます

② ルーフ・ボックスに収納

　アンテナやポールを整理収納するためにルーフ・ボックスを購入しました（**写真7-25**）．50MHzの1/4波長のエレメントが入るように内寸で1.5m以上が条件でした．このルーフ・ボックスには最大で1.7m程度のものが入ります（**写真7-26**）．自作のMicro-Vertアンテナ，V/UHF帯のGP，伸長10mのグラス・ロッドなどがらくらく収納できます．同軸ケーブルや変換コネクタなどは，100円ショップのジッパー・ファイルに収納しています（**写真7-27**）．

　ルーフ・ボックスの積載量はルーフ・レールやキャリアの強度に依存するので，入れ過ぎは事故の元です．さらに重量増は燃費悪化にもつながります．日頃から中身の選別と整理は必須ですね．

③ 車高に注意

　ムーブは軽自動車の中でも車高は高めです．そこにルーフ・レール＋ルーフ・ボックスを設置しているので，全高は2.1mクラスになります．ルーフ・ボックスへの出し入れには小型の脚立があると便利です．脚立は移動運用の際に，オペレーション・デスクにも，椅子にもなりますから，hi．

　もっと大事なことは，車高を常に意識することです．入れる駐車場も制限されます．自宅のカーポートにも入れません…?!　メータ・パネルに高さを書いたテプラを貼って（**写真7-28**），高さに注意しています．

④ グリップ・ハンドルのアンテナ置場

　左右のグリップ・ハンドルにバーを渡し，釣り竿を乗せるグッズが市販されています．プラスチック製で強度が心配だったのと，耐荷重5kgでは少ないと思い自作しました．自作と言っても φ19～φ22のアルミ・パイプを切るだけです．電気配管用の片サドル2個でグリップ・ハンドルに止めています（**写真7-29**）．1か所に2個使用するので4か所で計8個が必要です．

　ドライバー側のグリップ・ハンドルは付いていないことが多く，オプションにもないようです．ムーブの場合は，目隠しのキャップを取り外したらM6のタップが見つかったのでそれを利用しています（**写真7-30**）．オプションがあるかもしれないので，カーディーラーのサービスに相談してみてください．

　このバーに，ゴムバンドでモービル・ホイップなどが簡単に固定できます（**写真7-31**）．筆者は，LED電灯をクリップで挟んで室内灯にしています（**写真7-32**）．

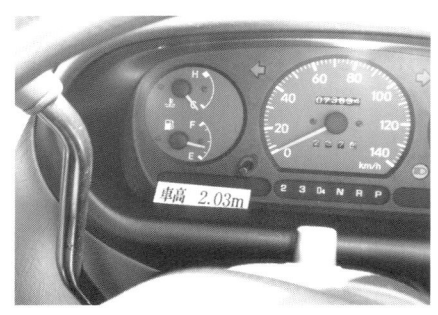

写真7-28　メータ・パネルに車高の表示

写真7-29　バーの取り付け部

写真7-30　自作の運転席グリップ

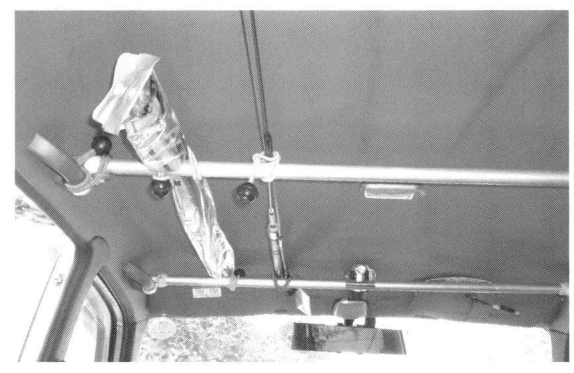

写真 7-31 モービル・ホイップを積載

写真 7-32 メガネ・クリップで留めた LED ランプ

■ さいごに

狭いながらも，快適な無線空間に近づけるためにいろいろな取り組みをしてみました．まだまだ未完成ですが，恥ずかしながらご紹介させていただきました．

今回の記事を進めていくうちに改良点や改善点が見えてきました．ちょっとした発想が，便利な移動運用グッズにつながります．大いに自作を楽しみましょう！

〈JR1CCP　長塚　清（ながつか きよし）〉

7-9　自動車の暑さ対策

真夏に車内で運用していると，暑さにまいりそうになることがあります．車体そのものが高温になってしまい，エアコンをかけてもまったく効果がないことも…．

少しでも暑さをやわらげるために，アウトドア用の銀マットを車に被せることにしました（**写真7-33**）．かなり効果がありますよ．また，フロントガラスにサンシェードをかけるときは，フロントガラスの外にかけるのがポイントです．

ただしこの技，強風時には使えません．

〈CQ ham radio 編集部〉

写真 7-33　アウトドア用の銀マットを車にかけると，車内温度の上昇を防げる

Chapter 07　もっと移動運用を楽しむために　便利なアイディアを教えます

7-10　車内で使うテーブル2題

■ その① 超簡単室内テーブル

　ミニバンなどで後部座席が自由にアレンジできる車種が多くなっています．これは，後部座席を前に倒し，板を載せたものです（**写真7-34**）．前席のヘッドレストの支柱部分にヒモをかけて，安定させています．足も要らず，軽量便利テーブルです（TNX JR1DLX 平松さん）．

〈JR1CCP　長塚 清（ながつか きよし）〉

■ その② 車移動用段ボール・テーブル

　車での移動運用は便利で快適ですが，セダン・タイプなどスペースに余裕がない車では，パソコンやパドルの操作などが不自然な姿勢になってしまいがちです．

　そこで，段ボールを張り合わせてオペレーション・デスクを作ってみました．車の形にあった形状のテーブルを，カッターナイフ工作で作れます．ラッカー塗装の仕上げをすると，ある程度の強度と耐水性も持たせられます．作り方を**写真7-35〜写真7-45**で説明します．

　テーブルの支持は，角材をテーブルの裏側に貼

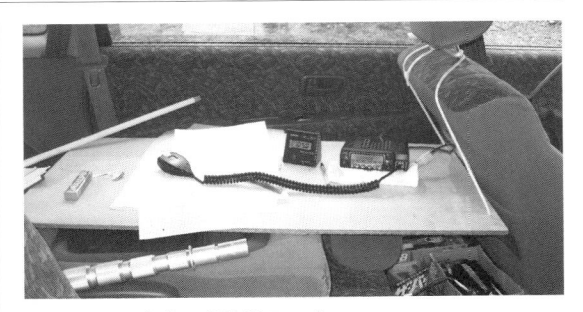

写真7-34　自作の超簡単テーブル

り付け，ハンドルにメタルのプレートを使って引っ掛けて，反対側はサンバイザーの根元からひもでつっています．私の車（三菱アイ）の場合は，グローブボックス上の小物入れにテーブルを差し込んでいます．車に合わせて加工することになりますが"段ボール工作"なので自由な形に作りやすいと思います．

　このテーブルを使うようになってから，長時間のコンテスト参加がとても楽になりました．腰痛予防などの点からも自然な姿勢でオペレートできるのはFBだと思います．

〈JS3OMH　倉田 健（くらた けん）〉

写真7-35　解体した段ボール箱からカッターナイフとはさみでテーブルを切り抜く

写真7-36　必要な厚さになるまで同じ形を切り抜いてそろえる．今回は5枚重ね

写真7-37　木工用ボンドで貼り重ねる．十分に乾燥（数日間）させる．軽く重しを載せてしっかり接着させる

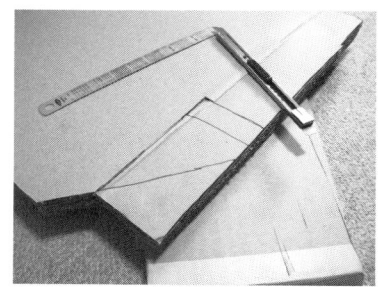

写真 7-38　車に仮付けして必要な切り込みを入れて形を整える

写真 7-39　スプレーラッカーで着色する．着色は補強と防水を兼ねるので薄く染込ませるように乾燥させながら時間をかけて着色する

写真 7-40　機材をセッティングした状態．2010 フィールドデー・コンテスト QRP 部門に参加中．ハンドルへの支持棒にクリップ式の蛍光灯をセット

写真 7-41　テーブルを車にセットした状態

写真 7-42　ハンドル側から見る．ハンドルに引っ掛ける部分は，ホームセンターで売っている穴あきのメタルのプレートをネジ止めしている

写真 7-43　ドアハンドルのための切り欠き．これがないとドアが開かない

写真 7-44　段ボールテーブル裏側

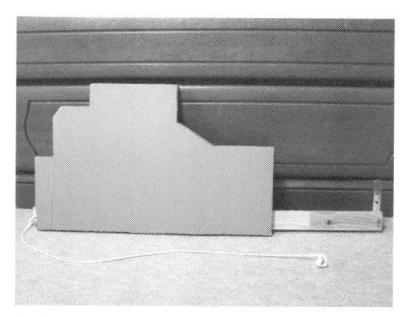

写真 7-45　段ボールテーブル表側

7-11　アワードにおける移動運用について

■ JARLのアワードは移動制限がなくなり，代わりに同一都道府県特記ができました

　JARLで発行するアワードに，以前は「申請者の運用場所は，同一都道府県内に限る」という制限がありました．これが伝説のように伝えられ，かたくなに自分の住んでいる都道府県だけでがんばっている局も見られます．しかし，もうその制限は撤廃され，日本国内の陸上ならどこからの運用でもJARLのアワードに有効です．

　では今までかたくなに信じてがんばってきた努力は水の泡か？ となるのを防ぐため，同一都道府県特記が新設されました．例えば，千葉県内での運用だけでアワードを申請するとき，それを特記してもらえるのです．

　これを利用して，自分でいろいろな都道府県へ移動してアワードを完成させ，都道府県特記をつけてもらうという別の角度からの楽しみもあります．たった1枚のアワードが，同一都道府県の特記をつけることによって47倍の楽しみ方ができるようになり，その特記が自分の移動運用史にもなります．

　さらに，運用周波数や電波型式の特記も加えると，何通りにも細分化されて，終わりが見えなくなるほどです．

　QSLカードの所持証明も撤廃され，間違いなく持っていることを自己宣誓するだけですから，アワード申請もかなり手軽になりました．

　やはり「430MHz-100」や「144MHz-100」などの局数アワードやHFでの「AJD」「WAJA」「JCC」「JCG」から始めるのが一番のお勧めです．

■ 相手から受け取ったQSLカードに，自分の移動運用地が記入していなくても有効です！

　先日移動局と交信した際「恐れ入りますが，QSLカードに私の移動運用地をご記入いただけますか？」と依頼を受けました．「それは問題ないですが，なぜですか？」と聞いたところ，「受け取ったQSLカードに自分の移動運用地が書かれていないとJARLのアワードに無効じゃないですか？」との返事．「書かれていなくても大丈夫です．JARLアワード委員の当局が言うのですから間違いありません」とお答えしました．

　よくある誤解で，JARLのアワード規定では，自分の移動地の記入については不問とされています．せっかく交信できた海外局に「自分の移動運用地をQSLカードに書いてくれ」とはリクエストできないでしょう？ hi！

〈JR1DTN　佐藤　哲（さとう あきら）〉

7-12　スムーズなオペレートで次々と交信！これが呼ばれる運用テクニック！

　移動運用局のオペレーションを聞くと，思わず呼んでしまう（呼ばされてしまう，hi）局や，効率が悪いのではないか？と首をかしげてしまうような運用をする局もあります．

本稿では，実際の例を挙げて，「どうしたらたくさんの局に呼んでもらえて，お互いに満足度の高い交信ができるか」を考えてみます．なお今回は，電話での交信を取り上げます．

■ 実際に声を出して読んでみてください
● NG オペレーション編

「こちらは 7N4QZI/1 印西市移動です，どうぞ」
「タンゴ・ノベンバー」「ユニフォーム・トーキョー・トーキョー」「ジェイ・エイチ・ファイブ・ゴルフ・エコー・ノベンバー」「ジャパン・ホテル・ワン」….

などなどいろいろな呼び方が…．この間約 1 分，何回も呼ぶ局あり．私のコールサインはとってもらえたのかな？…，超不安！

「各局ありがとうございます．当局は不慣れなものでご迷惑をおかけしております．お時間がございましたら少々ご待機ください」

はいはい，それはわかっているから次行って！！フラストレーション度急上昇！！！

「トーキョー・トーキョー，ゴルフ・エコー…（以下省略），以上 8 局コピーしましたので順次行きます．まずトーキョー・トーキョーさんどうぞ」

あらぁ〜，とってもらえなかった．ガックリ．
シーン…と 5 秒間の沈黙．

「トーキョー・トーキョーさんいらっしゃいませんか？」

シーン…と 5 秒間の沈黙．

「当局のミス・コピーのようです．失礼しました．続いてゴルフ・エコーさんどうぞ」

「7N4QZI/1 こちらは・ジェイ・エイチ・ファイブ・ゴルフ・エコー・ノベンバーですどうぞ」

「ジェイ・エイチ・ファイブ・ゴルフ・エコー・ノベンバー局長さん，こちらのコールは（え？違ってるのかな？…と不安になる GEN 局）セブン・ノベンバー・フォー・クイーン・ズール・インディア・ポータブルワン，（なぁんだ，合ってたじゃないの，心配しちゃったよ…と安堵する GEN 局）千葉県印西市，チャーリーナンバー 1231 からのオン・エアです．信号は「ご」と「きゅう」でいただいております．カードは島根経由でお送りいたします．こんにちはどうぞ」（あらあら，ごあいさつは最後ですか？…と GEN 局）．

　読んでいてこれが普通と感じましたか？ それとも歯がゆく感じましたか？ 実は「トーキョー・トーキョー」さんパイルアップに参加していたので，QZI 局のミス・コピーではなかったのです．しかしなかなか応答がなかったので，とってもらっていないと判断してほかの周波数に移ってしまったのです．また，1 回呼んだ私はじっと待っていたのですがとってもらえませんでした．その間の時間がもったいないこと….

　いわゆるリスト QSO と呼ばれているこの交信では，時間のロスが目立ちます．それに加え，アナウンスも重複があったり相手に心配をかけるフレーズがあったり，スマートな交信とは言えません．待っている局にストレスを感じさせてしまいます．呼ぶタイミングも計れず，結果として交信できる局数が減ってしまいます．

　また，へりくだったつもりで「取れません…」とか「迷惑を…」と言うのもまったくの無駄だし，「こちらのコールは」など相手局を不安がらせるフレーズ，「ごときゅう」や「チャーリーナンバー」など変な用語もたくさん出てきます．本人はそれが格好いいと思っているのでしょうが，間違いです！

Chapter 07　もっと移動運用を楽しむために　便利なアイディアを教えます

■ スムーズな交信ができる「台本」

　ではどうすればロスを減らして，たくさんの局に気持ちよく呼んでもらえるでしょうか？ 次の台本を使ってみてください．冷たい・クールだ・味気ない・そっけない…との声も聞こえてきそうですが，それでいいのです．たった数語の中に気持ちを込めて交信しましょう．それが待機している局に通じて同じタイミングで呼んでもらえるようになればしめたもの，どんどん交信局数が伸びていきます．その状態が「呼びたくなるオペレーション」なのです．

● FB オペレーション編

「こちらは 7N4QZI/1 印西市移動です，どうぞ」
「タンゴ・ノベンバー」「ユニフォーム・トーキョー・トーキョー」「ジェイ・エイ・セブン・フォックス・ビクトリア・アメリカ」「ジャパン・ホテル・ワン…」

などなどいろいろな呼び方が…．しかしここで間髪をいれずに応答．

「トーキョー・トーキョー，ゴーキュー（59）で印西市です，どうぞ」
「7N4QZI/1 こちらはジャパン・キロ・ワン・ユニフォーム・トーキョー・トーキョー．ファイブ・ナインで流山市です．どうぞ」
「JK1UTT 了解です，ありがとうございました．さようなら」

また呼ぶ局の嵐が…hi．とれた文字をアナウンスします．

「ジュリエット・ホテル・ワン・インディア・エコー・ジャパン，ファイブ・ナインです．どうぞ」
「JH1 インディア・エコー・デンマークです．（うっ！ 違った！…と QZI 局）59 で千葉市緑区，名前は須藤です．QSL カードよろしくお願いします．7N4QZI/1 こちらは JH1IED どうぞ」
「JH1IED 須藤さん，ミスコピー失礼しました．QSL カードはビューローでお送りします．73 さようなら」

もしここでシーンとしたり，すぐスタンバイしたかったら，すかさず

「こちらは 7N4QZI/1，千葉県印西市移動です，どうぞ」

と一言．これで呼ぶ方もタイミングが計れます．

■ 自分のスタイルでスマートにスムーズに

　いかがでしたか？ あくまでもサンプルなので，ご自分のスタイルで運用するのが一番ですが，呼ぶ側の気持ちを考えてオペレートすることを忘れずにいたいものです．

　このオペレーション・テクニックはコンテストにも通じます．筆者はコンテストで 1 分間に 5 局と交信したことが何度もあります．余計な言葉は極力省いて，自分のコールサインと QTH をしっかりアナウンスすればそれで十分情報は通じます．

　呼ぶ方も，せっかくいいペースで交信を行っているところに，「名前はなんですか」「JCC 番号を教えてください」とか，あげくの果てにはハムログの交信データを読み上げて「セカンド QSO ですね．前回は…」などと，水をささないようにしたいものです．名前や JCC 番号は，あとから調べればそれで済むことです．

　短いフレーズの中でいかに情報を伝えられるか．デジタルではできないアナログの言葉遊びの面白さがあると思います．オペレーション・テクニックを磨いて「呼ばれる局」を目指しましょう．

〈JR1DTN　佐藤　哲（さとう あきら）〉

7-13　移動運用時に身を守るための心がまえ

夏は移動運用がスムーズにできる季節です．6m AND DOWN コンテストやフィールド・デー・コンテストなどの JARL が主催するコンテストをはじめ，ほかにもいろいろなコンテストが次から次と計画されています．

ここでは，開放的な気分になる夏季の移動運用のセキュリティー関係についてお伝えします．すでに実践されていることも多いと思いますが，確認のために一言記載させていただきます．

■ 3 証を必ず携行する

移動運用時には，次の 3 証を必ず持って行きます．

① 運転免許証（車を運転する方）
② 無線従事者免許証（運用時には携帯することが法令で義務付けられている）
③ 無線局免許状（総務省からの「無線局免証票」を無線機に貼っていても絶対に携行すること）

■ 立ち入り禁止場所には入らない（各種法令の順守）

他人の建物はもちろんのこと，立ち入り禁止（侵入禁止）の看板がある場所には絶対に入ってはいけません（建造物侵入罪・軽犯罪法違反になること場合もあります）．立ち入り禁止場所は，危険な所にも指定されている場合があります．

個人の所有物や場所で所有者がわかっている場合は，事前に文書などで使用許可を取ったほうがスムーズに行くでしょう．そして駐車禁止場所での移動運用も NG です．

■ 騒音は出さない

住宅街での移動運用はほとんどないと思いますが，いつも移動運用に出かけている FB なロケーションの場所でも，住宅が建ち並びはじめてしまったら要注意です．夜間にマイカーを停めて移動運用をすると，ご近所から「騒音や不審者の 110 番」が警察に入電します．さらに，車のアイドリング，発電機の騒音，QSO や仲間との会話が騒音になったりもします．

この例で地元警察官が出動するのは，ほとんどが近隣住民からの苦情です．この場合は，前記の 3 証を提示して警察官に理由を話してから，早めにその場を離れましょう．

このとき，反抗的な態度・言動は絶対に NG です．車の中までも捜索される恐れがあり，車内に置き忘れていた刃物や凶器になりそうな物，塗料などが見つかった場合は，大変な事態になりえます．護身用目的で，野球バットを車内に放置していても軽犯罪法違反になることもあります．夏場のキャンプ場でも同様です．

通りから見やすいところに「アマチュア無線運用中」の張り紙も良いのではと思います．

■ 危機管理の徹底（暴漢対策なども含め）

夜を通して行われるコンテストも多いですが，QSO の合間に車中泊をしなければならない場合は，ドアロックを忘れないように．盗難紛失防止に財布や貴重品は，肌身離さずウエスト・ポーチなどに入れて携行するように．単独では出かけない．出掛けるときには，家族に同行者，目的地，帰宅予定を伝えておきましょう．

睡眠不足は NG です．コンテスト帰りの運転は特に注意し，楽しかった夏の思い出が一転し，複

Chapter 07　もっと移動運用を楽しむために　便利なアイディアを教えます

雑な思い出にならないよう慎重な運転をお願いします．

仮眠を取るときの駐車場所は，川辺・湖岸・浜辺は避けます．仮眠中に天気の変化で水位が増たり地震後の津波があることも予想されます．山や丘の草むらには，毒蛇や毒虫がいても不思議ではありません．その心構えをしておきましょう．

■ さいごに

警察官も人の子です．皆さんと同じように趣味を持っています．各都道府県警察には，それぞれの本部公認のアマチュア無線クラブがあり，警察官個人も公休日には，積極的にハムの運用を行っています．ひょっとするとQSOしているかもしれませんね．

警察官が，興味本位で近寄って来ることもあるでしょう．最初はびっくりして冷や汗が出るかもしれませんが，時間の許す限りアイボールで楽しい時間を過ごしてください．

以上，移動運用を楽しむにあたっての心がまえをお伝えしました．楽しい移動運用だったねと，いつまでも心に残る良い思い出につながれば幸いです．

〈JO1PQT 蔵内 純孝（くらうち すみたか）〉

7-14　あれば便利な小物集

移動運用にあれば役立つ小物を紹介します．快適な移動運用のために参考にしてみてください．

■ ヘッドセット

移動運用で役立つ周辺機器．お勧めなのは，ヘッドセット（写真7-46）とフット・スイッチ（写真7-47）の組み合わせです．受信音が漏れないので，近隣にご迷惑をかけることがありません．また，外部からのノイズを遮断するので，弱い信号でも格段に交信しやすくなります．また，マイクもヘッドホンの脇から出ており，マイクの上げ

写真7-46　HEILSOUND社製ヘッドセット

写真7-47　フット・スイッチ

写真 7-48　アンテナを調整中のアンテナ・アナライザ

写真 7-49　高さ 50cm の脚立でも大いに役立つ

写真 7-50　CQ ham radio の付録「ハム手帳」

下げで腕が疲れることもありません．

　このヘッドセットで PTT にフット・スイッチを利用すれば，両手が空いて，ログ入力や無線機操作も容易に行えます．大規模な移動運用（DX ペディションなど）の運用でも使用されていることから，その効果は実証済みです．（Tnx JI1SAI）

■ アンテナ・アナライザ

　高価な測定器ですが，アンテナ・アナライザ（写真 7-48）は移動運用で，絶大な力を発揮します．

　移動運用では，毎回アンテナの設置状況が変わります．前回の移動運用で，マッチングが取れていたとしても，今回も同じとは限りません．

　アンテナ・アナライザを使って毎回アンテナ調整をすれば，アンテナに不安を持つことがなくなります．まだお持ちでない方は，少し奮発して一台いかがでしょうか．

■ 脚立

　アンテナの設置作業に何かと便利なものが脚立（写真 7-49）です．高さ 50cm くらいの小さなものでも，アンテナをマストに取り付ける際に大きく役立ちます．作業効率向上と安全な作業につながります．また，いすやテーブルの代わりにもなります．便利な脚立を一台いかがですか．

■ ハム手帳

　CQ ham radio の毎年 1 月号に付録として人気が高いハム手帳（写真 7-50）．これも移動運用に大きく役立ちます．バンドプランや JCC/JCG ナンバー，レピータ局リストなど，お役立ち情報満載です．ログ帳も用意されているので，突然の交信にも安心です．移動運用だけでなく，普段から持ち歩きたいですね．

■ LED ランタン

　夜間運用の照明に LED ランタン（写真 7-51）はいかがですか．値段も下がり，買いやすくなりました．単 3 乾電池 3 本で動くので，電池のコストが低いのも魅力です．

■ マジックテープ・バンド，結束バンド

　マジックテープ・バンドは同軸ケーブルをまとめたり，アンテナ・マストに同軸ケーブルを留めたりするときに便利です．100 円ショップで買えるもので十分なので，多めに買っておくといいでしょう（写真 7-52）．

　結束バンド（インシュ・ロックとかタイラップとも呼ばれている）は，アンテナ工事のときに大いに役立ちます．支柱にマストを止めるとき，ガムテープでも留められないことはありませんが，

Chapter 07　もっと移動運用を楽しむために　便利なアイディアを教えます

写真 7-51　LED ランタン

写真 7-52　マジックテープ・バンド

写真 7-53　結束バンド

テープののりが残ってしまうのでお勧めできません．こんなときに結束バンドは有効です．しかし，100円ショップで売られている結束バンドには，品質に不安なものがありました．コストを下げたせいで，倒壊事故を起こしてしまっては元も子もないので，ホームセンターなどで安心できる品質の製品の購入をお勧めします（**写真 7-53**）．

〈CQ ham radio 編集部〉

Column 7-1　夜明けとともに

　仕事で訪れた鹿児島県鹿児島郡三島村の黒島．交通機関は週3便の村営フェリーのみ．グリッド・ロケーターは，ほかには草垣群島とトカラ列島口之島のみの珍スクエア「PM40」．

　昼間は時間がとれないが，ぜひともQRVをと思い，早朝運用を試みる．早起きして，ロケーションの良い山の上まで真っ暗な道を30分の徒歩．

　急いでバーチカル・アンテナを立てて7MHz SSBをワッチするとイタリアのCQ DXが強力に入感．呼んでみるも，反応なくCQ連発．こちらからCQを出すも10W＋バーチカルでは呼んでもらえずCQ連発．

　東の空が明るくなってくるとともに，8エリアから初めての応答．次第に7エリアへコールが移り，強力に入感しているとのリポート．夜があけて明るくなると，1エリアからのコールがある．パイルアップの予感…．でも船の時間があり，残念ながら撤収の時刻．顔を上げると，朝焼けの中に竹島と硫黄島がおぼろげに浮かんでいる．

　黒島のPM40をプレゼントできたのはわずかに10局だったけど，北海道から東北，関東へのオープンの移ろいと朝の風景は忘れることがなさそうだ．

　次回はプライベートで訪問して，たくさんの局と交信したいと思った．

JS3OMH

海を見下ろす山にバーチカル・アンテナとマニュアル・チューナ

リグは10W機のIC-703．ラジコン・カーのバッテリで運用

朝焼けの中に浮かび上がった竹島（左）と硫黄島（右）

Chapter 08
移動運用における パーソナル・コンピュータや スマートホンの活用

8-1　PC やスマートホンの活用

　21 世紀の現代では，パーソナル・コンピュータ（以下 PC）とインターネットの利用はごく一般的になりました．もちろん，アマチュア無線においても例外ではなく，世界中の多くのアマチュア無線家が日常的に PC とインターネットを使い趣味の幅を広げています．また，持ち運びが容易なノート型の PC（以下ノート PC）が安価に入手できるようになり，かつ小型化，省電力化，バッテリの大容量化が進んでいます[※1]．

　このことから，アマチュア無線の移動運用時にも PC を使った電子ログによる交信データの記録や CW の運用，さらに移動運用において RTTY や PSK などのデジタルモードの運用を行うことが一般的になっています．さらに，近年は，Apple 社の「iPhone」や Android 携帯に代表される，携帯電話に携帯情報端末の機能が付いた「スマートホン」と呼ばれる携帯端末が普及しつつあり，移動運用時に活用しているアマチュア無線家も多いようです．

　この章では，アマチュア無線の移動運用における PC やスマートホンの活用について説明します．

※1　2011 年春の時点では，1 回の充電で連続 16.5 時間もバッテリで動くノート PC が出荷されています．

8-2　PC を活用して移動運用を計画する

■ 移動運用をする場所の情報を探す

　移動運用を計画するときに，やはり一番悩ましいのは運用場所の選択ですよね．もちろん，電波が良く飛ぶところが一番良いのですが，地図を頼りに行ってみると「アマチュア無線運用禁止」の立て札があったり，私有地になっていて立ち入れなかったりと，さまざまな要因で現地に到着してからアマチュア無線の運用を断念した方もいるのではないでしょうか．こういう悲しい出来事を避けるためには，「Google [※2]」（図 8-1）などのインターネットの検索エンジンで事前に運用場所の調査を行うとよいでしょう．

Chapter 08　移動運用におけるパーソナル・コンピュータやスマートホンの活用

　ロボット型検索エンジン[※3]の代表格である「Google」は「該当するキーワードによってアクセスされる回数が多いWebページが，そのキーワードにもっとも関連するものである」という考え方で，検索結果として表示されるWebページ・リストの表示順が決定します[※4]．このため，多くの人にとって有益である情報が，Webページ・リストの上位に表示される可能性が高くなります．

　検索エンジンを使いこなすうえで重要なのは「キーワード」です．自分が望む情報を得るためには，その情報に関連したキーワードを入力する必要があります．また，検索される情報を絞り込む場合には，複数のキーワードを空白（スペース）で区切って入力します．

　では，京阪神のアマチュア無線家に人気の移動運用スポットである，兵庫県の六甲山系にある「東六甲展望台」について調べてみましょう．

　まず，キーワードを「東六甲展望台」として検索してみます．**図8-2**に表示されているWebページ・リストの先頭には「東六甲展望台」の運営会社が掲載している施設案内のハイパーリンクが表示されています．「東六甲展望台」が有料道路の展望台であることや，駐車場の広さ，展望台からの展望，QTHが兵庫県西宮市であることが施設案内でわかります．また，この状態で画面上部の「地図」をクリックすると，「Google」の地図表示サービスである「Googleマップ」で「東六甲展望台」の場所が地図の中心に表示されます（**図8-3**）．さらに，図8-3の地図上のマーカー（「A」と表示されているマーク）の上でマウスをクリックし，表示されるポップアップ・メニュー（**図8-4**）で「ここへのルート」を選択すると，指定した位置（例えば自宅）から「東六甲展望台」への自動車，電車，徒歩での移動ルートを検索することもできます（**図8-5**）．

　これで，目的地の環境や目的地への行き方などの情報を入手しました．しかし，アマチュア無線の運用ができるかどうかはまだわからないですよね．そこで，情報を絞り込むために「移動運用」というキーワードを追加して，もう一度検索してみましょう．**図8-6**に表示されているWebページ・リストには，「東六甲展望台」でアマチュア無線家が移動運用を行ったWeblog（いわゆるブログ）上のレポートへのハイパーリンクが表示されています．この，JN3VGD 小垂さんによるレポートを読むと，「東六甲展望台」はなかなか良い移動運用地であることがわかります（**図8-7**）．最近は，アクティブなアマチュア無線家によるイ

図8-1　ロボット型検索エンジンの代表「Google」

図8-2　キーワード「東六甲展望台」の検索結果

移動運用で楽しむアマチュア無線 | 131

図 8-3　「Google マップ」で「東六甲展望台」の周辺が表示される

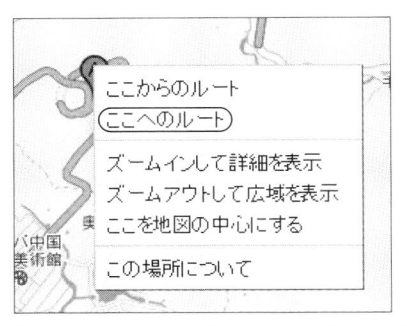

図 8-4　ポップアップ・メニューで「ここへのルート」を選択

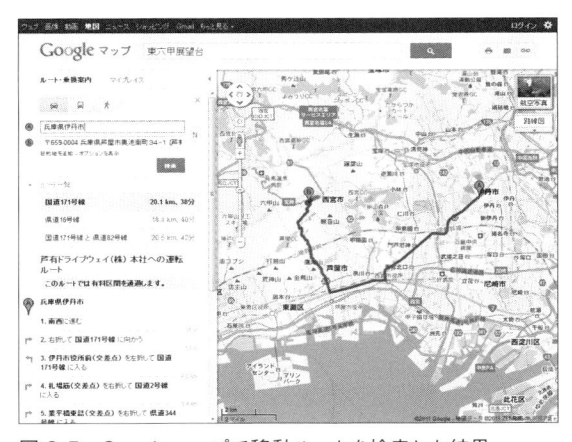

図 8-5　Google マップで移動ルートを検索した結果

図 8-6　キーワード「東六甲展望台 移動運用」の検索結果

図 8-7　東六甲展望台での運用レポートが掲載されたブログ

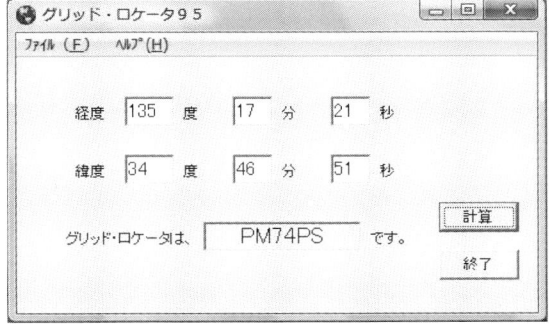

図 8-8　グリッド・ロケーター 95

Chapter 08　移動運用におけるパーソナル・コンピュータやスマートホンの活用

ンターネットでの情報発信が盛んに行われているため，検索エンジンを利用すると簡単に有用な情報が得られるということが，おわかりいただけたのではないかと思います．

■ 移動運用場所のグリッド・ロケーターを調べる

1980年に制定された「グリッド・ロケーター」は，地球上を「フィールド」「スクエア」「サブ・スクエア」で構成される升目に分割し，地球上の任意の地点を「PM74QS」のような6桁のコードで表せる仕組みです[※5]．ヨーロッパで発祥したグリッド・ロケーターは，現在では全世界のアマチュア無線家に使われています．またグリッド・ロケーターを集めるアワード[※6]があることから，QSLカードに運用地のグリッド・ロケーターを印刷するのが一般的になっています．

グリッド・ロケーターは，所定の計算式を使い緯度・経度から手動で計算することもできますが，計算が少し面倒です．緯度・経度からグリッド・ロケーターを算出するソフトウェアがインター

ネットで公開されているので，これを利用すると便利です．

JM1MFA 岩上さんが製作・頒布を行っている「グリッド・ロケーター95[※7]」（図8-8）とJF3AGG 滝下さんが製作・頒布を行っている「CalcGL[※8]」（図8-9）は，いずれも任意の地点の緯度・経度を入力するとグリッド・ロケーターを算出してくれるソフトウェアです．また，JG1MOU 浜田さんが製作・頒布を行っている電子ログ・ソフトウェア「Turbo HAMLOG for Windows[※9]」でも，グリッド・ロケーターの計算ができます（図8-10）．

なお，インターネット地図サービスである「Googleマップ[※10]」の機能を利用して，地図上の任意の場所の緯度・経度を知ることができるサービスとして，Aobaさんが公開している「Geocoding.jp[※11]」（図8-11）があるので，こちらを利用すると便利でしょう．

また，「Googleマップ」の機能を利用して，地

図8-9　CalcGL

図8-10　Turbo HAMLOG for Windowsのグリッド・ロケーター計算機能

図上の任意の場所のグリッド・ロケーターを表示するサービスがインターネット上で公開されています．

JA1ZGO 府中アマチュア無線クラブが公開している「Grid Locator Calculator[12]」（図8-12）は，画面上部のテキスト・ボックスに住所やランドマークを入力し「検索」ボタンをクリックすると，「Google マップ」で該当地点の地図を検索して表示するとともに，地図上に該当地点の緯度，経度，グリッド・ロケーターを「吹き出し」で表示します．また，地図上の任意の地点をクリックすることにより，クリックした地点の緯度，経度，グリッド・ロケーターを表示することもできます．例えば「東六甲展望台」の地点をクリックするとグリッド・ロケーターが「PM74PS」であることがわかります（図8-13）[13]．

同様に，「Google マップ」の機能を利用したサービスとして，JM6XXU 中尾さんが公開している「Grid Locator Calculator[14]」（図8-14）や，F6FVY Laurent Haas さんが公開している「Find your QTH locator (or your grid square) with GoogleMaps[15]」（図8-15）があります．

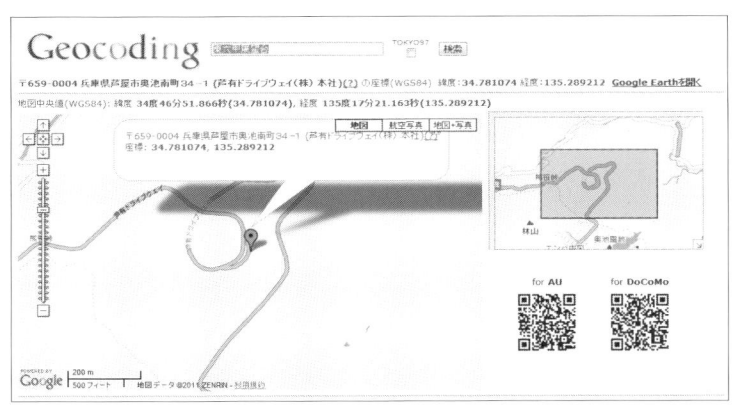

図 8-11　緯度・経度表示サービス「Geocoding.jp」

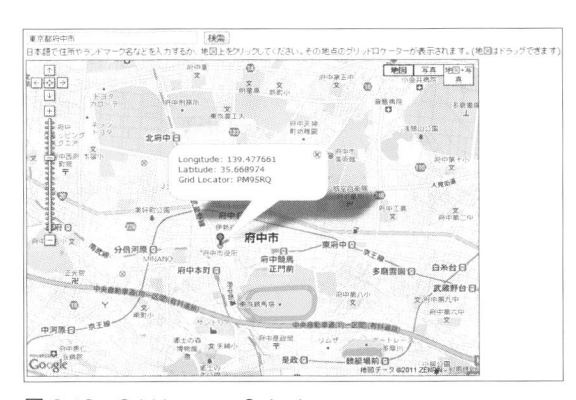

図 8-12　Grid Locator Calculator

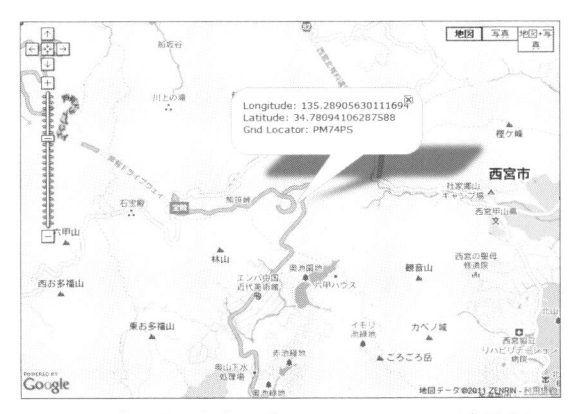

図 8-13　東六甲展望台のグリッド・ロケーターが表示される

Chapter 08　移動運用におけるパーソナル・コンピュータやスマートホンの活用

■ 運用地の標高を調べる

アマチュア無線家としては，やはりできるだけ標高が高い場所から移動運用をしたいものです．「Google マップ」の機能を利用して，地図上の任意の場所の標高を表示するサービスが，インターネット上で公開されています．WisteriaHillさんが公開している「Google Map 標高（by Google API）[16]」（**図 8-16**）は，地図の中心位置の標高を表示するサービスで，地図上の十字線を標高が知りたい地点に合わせ，画面右側の「標高取得」ボタンをクリックすると標高が表示されます．

■ 「カシミール 3D」で見通し範囲を調べる

特に V/UHF 帯での移動運用では，運用地からグラウンド・ウェーブが届く範囲を知っておきたいですよね．DAN 杉本さんが製作・頒布を行っている「カシミール 3D[17]」（**図 8-17**）は，国土地理院の数値地図などの地形・標高データを元に山岳からの展望を 3D 表示ができる，登山愛好者にはよく知られているソフトウェアです．このソ

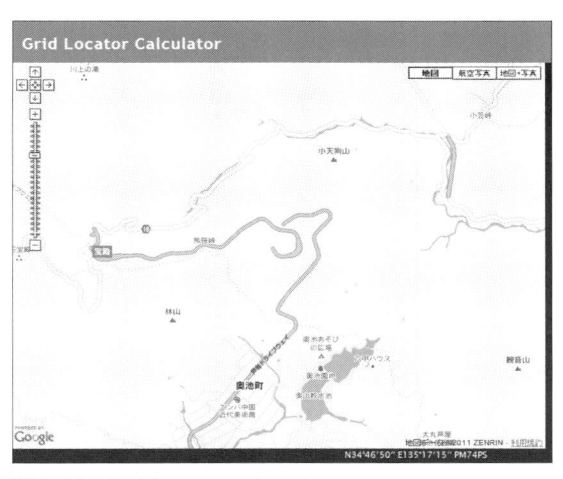

図 8-14　Grid Locator Calculator

図 8-15　Find your QTH locator (or your grid square) with GoogleMaps

図 8-16　Google Map 標高（by Google API）

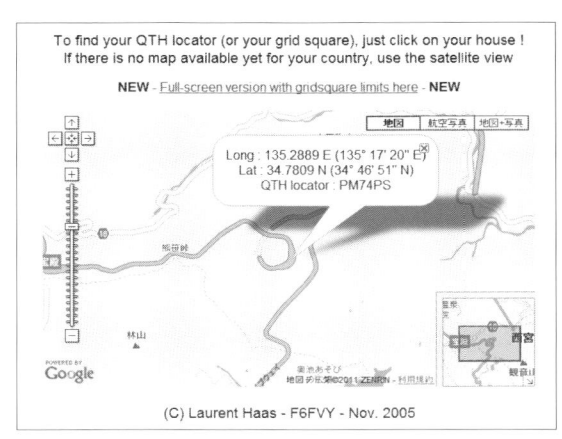

図 8-17　カシミール 3D

フトウェアの機能の一つとして，特定の地点から見通せる範囲を地図上に描画する機能があります．

「東六甲展望台」から半径 100km を指定して，見通せる範囲を表示させた結果を**図 8-18** に示します．図が白黒なので少しわかりにくいと思いますが，色の濃い部分が「東六甲展望台」からの可視範囲を示します．大阪平野はほぼ見通し範囲に入っていますが，北側から西側はほぼ見通し範囲に入っていないのが明確にわかります．また，ある地点からある地点への見通しを断面図で表示することも可能で，特定の地点との交信を計画している場合には，とても便利な機能です．「カシミール 3D」に「東六甲展望台」から兵庫県伊丹市への見通しを計算させた結果を**図 8-19** に，富士山から「東六甲展望台」への見通しを計算させた結果を**図 8-20** に示します．

なお，「カシミール 3D」は指定地点からの眺望を 3D 表示する機能（**図 8-21**）など，さまざまな機能が搭載されているフリーソフトです[※18]．移動運用のみならず，常置場所からの運用における見通し距離の解析などにも使えると思います．ぜひ一度お試しください．

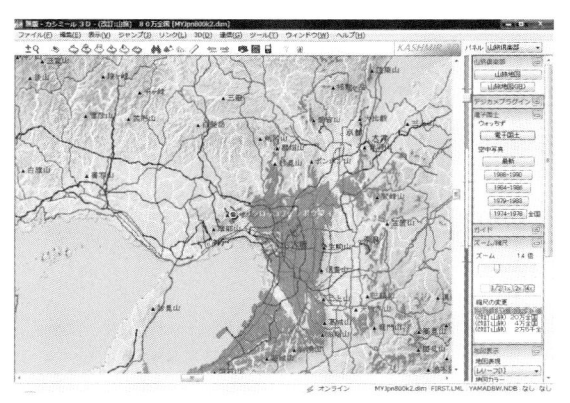

図 8-18　カシミール 3D で東六甲展望台から見通せる地域を表示

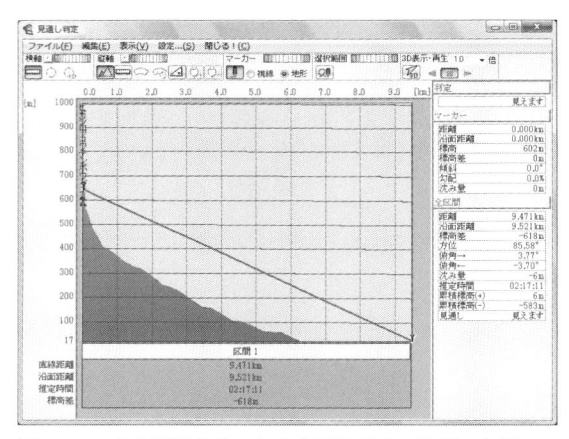

図 8-19　東六甲展望台から兵庫県伊丹市の見通し表示

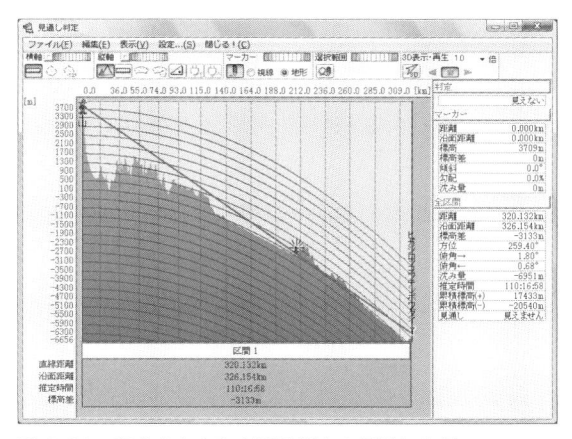

図 8-20　富士山から東六甲展望台の見通し表示

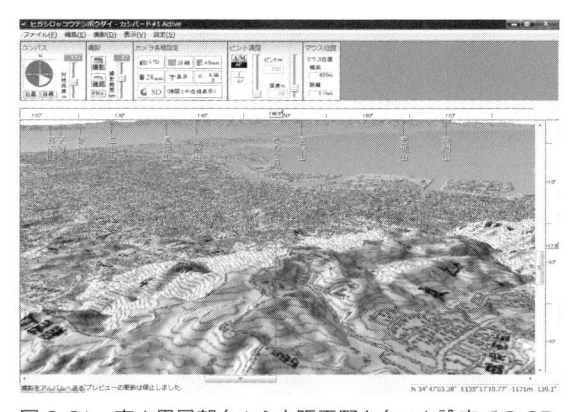

図 8-21　東六甲展望台から大阪平野を向いた設定での 3D 表示

※2　http://www.google.co.jp/
※3　「ロボット型検索エンジン」は，クローラ（もしくはスパイダー）と呼ばれるプログラムによって，さまざまなWebサイトの情報を常時収集しており，これらの情報を巨大なデータベースに記録することにより，高速な検索を可能にしています．
※4　有害な内容や，Webサイト側から検索を拒否された場合は，アクセス数が多いWebページであってもWebページ・リストに表示されない場合があります．
※5　「グリッド・ロケーター」の仕組みや計算式などの詳細は，JARLのWebサイト（http://www.jarl.or.jp/Japanese/1_Tanoshimo/1-2_Award/gl.htm）をご覧ください．
※6　JARL制定のアワードでは「Worked All Square Award（WASA-HF，WASA-V・U・SHF）」があります．
※7　http://homepage3.nifty.com/jm1mfa/softlib.htm
※8　http://www.vector.co.jp/soft/win95/home/se265147.html，なお，日本上の地点のグリッド・ロケーターを求める場合は，東経，北緯を選択してください．

※9　http://www.hamlog.com/
※10　http://maps.google.co.jp/
※11　http://www.geocoding.jp/
※12　http://ja1zgo.com/index.php?Grid%20Locator%20Calculator
※13　残念ながら「東六甲展望台」では地点を検索できませんでした．「兵庫県西宮市」などでの地名で検索し，地図を動かして目的地点を探してください．
※14　http://www.argv.org/~chome/maps/loc.html
※15　http://f6fvy.free.fr/qthLocator/
※16　http://wisteriahill.sakura.ne.jp/GMAP/GMAP_ALTITUDE_II/index.php
※17　http://www.kashmir3d.com/
※18　ただし，国土地理院の数値地図をはじめとする地図データは有料です．本書で紹介した画面では，山旅倶楽部（http://www.yamatabi.net/main/club/club.html）のオンライン地図サービス（年会費2800円）の地図データを使用しました．

8-3　移動運用でのPCの利用

■ 移動運用に使用するPC

　移動運用では，持ち運びの簡便さやバッテリ駆動ができることから，ノートPCを使うことが多いと思います．しかし，ノートPCが高速化するにつれて，搭載されているさまざまな部品（CPU，メモリ，ハードディスクなど）の発熱が増大し，中には安定動作のために水冷システムを採用するノートPCまで登場しています．

　移動運用は屋外で行うことが多いのですが，夏季に気温が高い屋外で最新のノートPCを使用すると，搭載した冷却ファンでは冷却が間に合わず，ノートPCが熱暴走してしまうこともあります．また，移動運用では予想外のことが起こりがちで，何らかのハプニングでノートPCを破損してしまう恐れもあります．移動運用で，せっかくの最新型ノートPCを壊してしまうと悲しいですよね．

　アマチュア無線関連のほとんどのソフトウェアは，比較的低速なPCでも動作します．移動運用で使用するノートPCは，以前使っていた古いものや安価に入手できる中古品の使用を考慮するのもよいのではないかと思います．なお，Windows 95，98，Me，2000をサポートしているアマチュア無線用ソフトウェアも多いのですが[19]，中古のPCを購入する際は，Windows XPがそこそこ快適に動作するCPUを搭載し，メイン・メモリが1～2GB程度搭載可能なものというのが目安になるでしょう．また，最近のPCと無線機を接続するインターフェースはUSB（Universal Serial Bus）に対応している機種が増えています．USBが搭載されているPCを選ぶほうが無難です．

　また，近年「ネットブック」というカテゴリの

ノートPCが登場しています（**写真8-1**）．「ネットブック」は，控えめな性能ながら安価で小型軽量なのが特徴です．アマチュア無線の移動運用に使用するために購入するには，最適なノートPCではないかと思います．

さらに，MS-DOS時代のPCを活用するという方法もあります．この時代のPCは低速ゆえに発熱量が少なく，さらにとても安価に入手できるので，万が一壊れても経済的な（hi）ダメージは最小限で済みます．MS-DOSは単純なOSなので突然の電源断などにも強く，アマチュア無線の移動運用にはもってこいです．

MS-DOS上で利用できるアマチュア無線用ソフトウェアは，電子ログ・ソフトウェア「Turbo HAMLOG」のDOS/V版（**図8-22**），NEC PC-9801版，富士通FMR/TOWNS版[20]，東京大学アマチュア無線クラブ（JA1ZLO）が製作・配布を行っているコンテスト・ログ・ソフトウェア「zLog[21]」のDOS/V版（**図8-23**），NEC PC-9801版．MMシリーズの作者として知られるJE3HHT 森さんが製作・配布を行っている電子ログ・ソフトウェア「MMLOG[22]」のDOS/V版（**図8-24**），NEC PC-9801版などがあります．特にMS-DOS版の「zLog」は，シリアル

写真8-1　ネットブックは移動運用にも便利

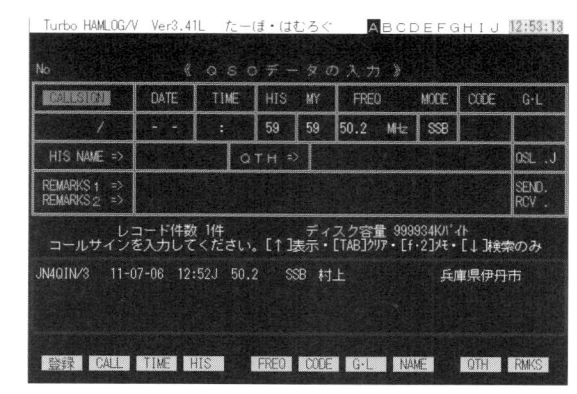

図8-22　Turbo HAMLOGのDOS/V版

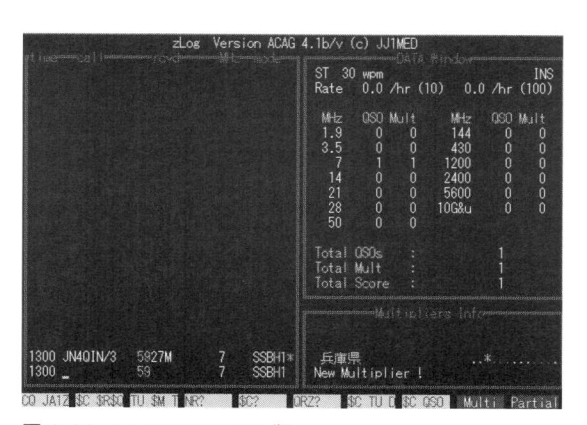

図8-23　zLogのDOS/V版

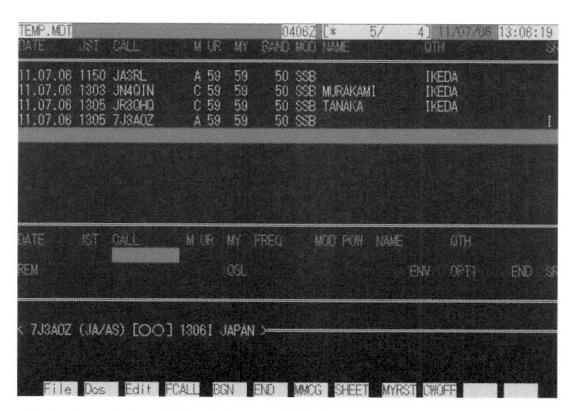

図8-24　MMLOGのDOS/V版

Chapter 08　移動運用におけるパーソナル・コンピュータやスマートホンの活用

（もしくはパラレル）ポートに接続したインターフェースからの電信の送信が安定して行えるため，現在でも移動運用で利用している方がいるようです．古いPCをゴミとして処分する前に，まずは移動運用での活用を考えるのも，アマチュア無線家としては面白いのではないでしょうか[23]．

なお，MS-DOSはUSBの利用やネットワークへの接続が困難なので，基本的にはフロッピー・ディスクでプログラムのインストールやデータの交換を行うことになります．Windowsが動作しているPCとのデータのやり取りを考えている方は，ご注意ください．

[19] ただし，アマチュア無線用ソフトウェアでも，Windows95，98，2000のサポートは打ち切られつつあります．これは，これらのOSの開発用ソフトウェアやライブラリのサポートをメーカーが打ち切っているためです．
[20] ただし，7文字以上のコールサインの入力には対応していません．
[21] http://www.zlog.org/
[22] http://www33.ocn.ne.jp/~je3hht/mmlog/
[23] なお，MS-DOSを使用する目的で中古のPCを購入する場合は，購入した機種用のMS-DOSが付属していることを必ず確認してください．現在，日本IBM（株）から，IBM-PC/AT互換機用MS-DOSの最終バージョンである「PC DOS 2000」のCD-ROM版が入手できます．ただし，同社のWebサイト（http://www-06.ibm.com/jp/domino02/services/dialqa/cicfaq.nsf/All/s002843EB）によると販売代理店への問い合わせが必要なようです．

■ 移動運用で使用する電子ログ・ソフトウェア

移動運用で使用するソフトウェアで最初に挙げられるのは，電子ログ・ソフトウェアです．国内で一番利用者が多いと思われる「Turbo HAMLOG for Windows」（図8-25）を移動運用でも使っている方が多いようです．また，短時間に多くの交信を行うことが多い，珍しい地域からの運用（例えばJCC/JCGサービスやDXペディションなど）では，コンテストのような効率の良い交信を行うことが多いため，コンテスト・ログ・ソフトウェアを使って運用する方も多いようです．

コンテスト・ログ・ソフトウェアは，PCのキーボードからの電信送出機能やCWメモリー・キーヤー機能を内蔵しており，また，コールサイン入力中に現在・過去の交信データからコールサインを推測して表示するパーシャル・チェック機能

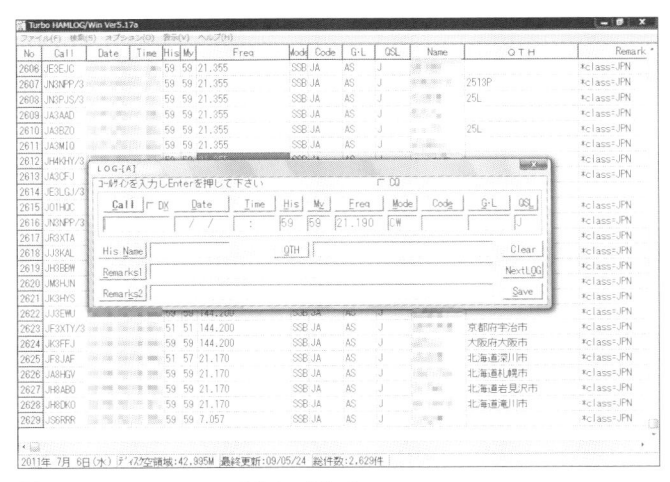

図8-25　Turbo HAMLOG for Windows

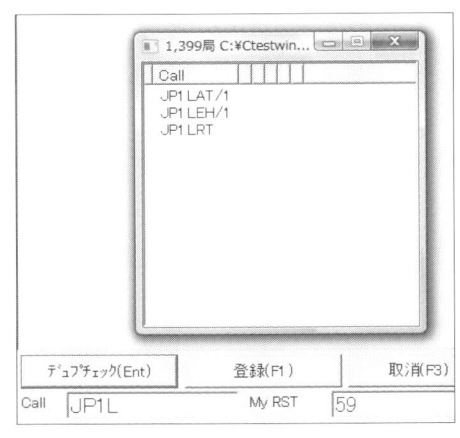

図8-26　CTESTWINのパーシャル・チェック機能

移動運用で楽しむアマチュア無線

(**図 8-26**) やスーパー・チェック機能 (**図 8-27**) があることから，移動運用でコンテスト・ログ・ソフトウェアを利用する電信愛好者の方が多いようです．なお，コンテスト・ログ・ソフトウェアから電信を送出するには，JG5CBR 中茂さんが配布している USB 接続 CW インターフェース「USBIF4CW [24]」(**写真 8-2**) のような PC 接続用のインターフェースが必要です．

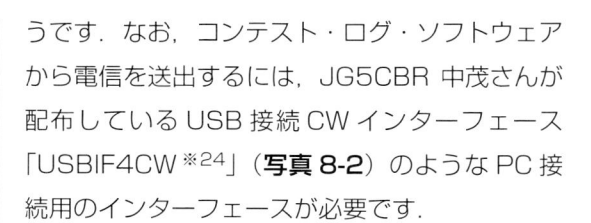

日本で利用者が多いコンテスト・ログ・ソフトウェアである「zLog for Windows」(**図 8-28**) には，入力時にコンテスト・ナンバーのチェックを行わない（シグナル・レポートだけの入力が行える）「DXpedition」モードがあります．

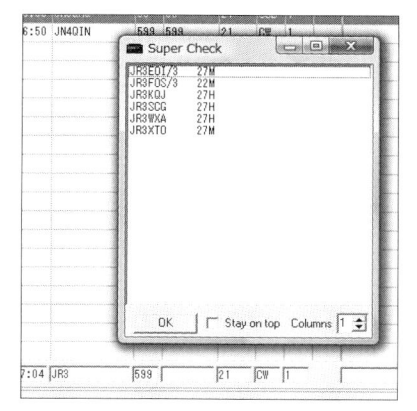

図 8-27　zLog for Windows のスーパー・チェック機能

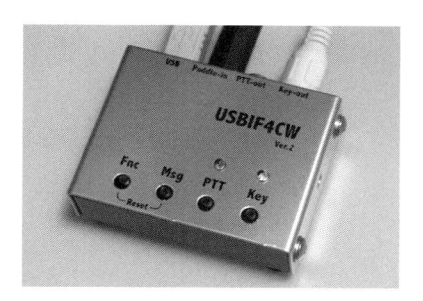

写真 8-2　USB 接続 CW インターフェース「USBIF4CW」

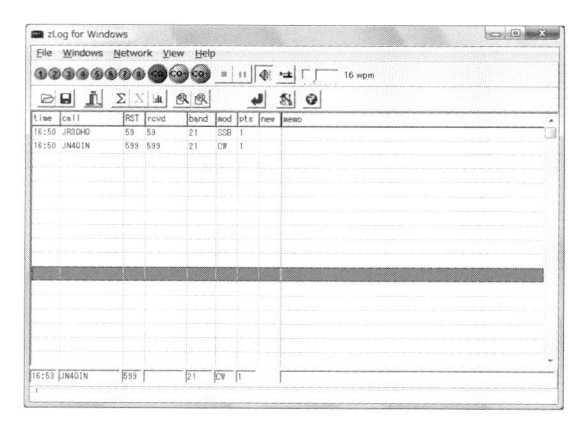

図 8-28　zLog for Windows

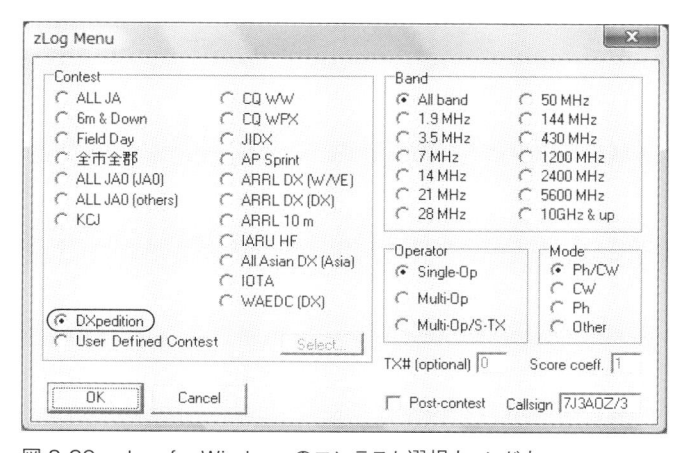

図 8-29　zLog for Windows のコンテスト選択ウィンドウ

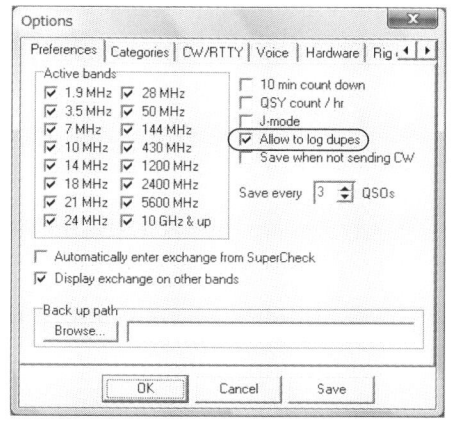

図 8-30　zLog for Windows の「Options」ウィンドウ

Chapter 08　移動運用におけるパーソナル・コンピュータやスマートホンの活用

「DXpedition」モードで「zLog for Windows」を起動するには，起動時のコンテスト選択ウィンドウで「DXpedition」（図8-29の囲み内）を選択します．また，「zLog for Windows」の標準設定では，重複QSOの交信データ（同じ局との同じバンド，モードでの交信データ）はログへ記録できません．重複QSO時の交信データを入力できるようにするには，メニューの「Windows」→「Options」を選択すると表示される「Options」ウィンドウで「Preferences」タブを選択し，「Allow to log dupes」チェック・ボックス（図8-30の囲み内）をチェックしてください．重複QSOの警告（図8-31）は表示されますが，ログへの記録が可能になります．

JI1AQY 堀内さんが製作・配布を行っているコンテスト・ログ・ソフトウェア「CTESTWIN[25]」（図8-32）にも，入力時にコンテスト・ナンバーのチェックを行わないようにする機能があります．メイン・ウィンドウの「マルチチェック選択」ボタン（コンテストを選択するボタン，図8-33の囲み内）をクリックすると「コンテスト」ウィンドウ（図8-34）が表示されるので，「マルチチェック無し/QSO Party」（図8-34の囲み内）を選択してください．また，「CTESTWIN」の標準設定では，重複QSOの交信データはログへ記録できません．重複QSO時の交信データを入力できるようにするには，メニューの「設定」→「各種設定」を選択すると表示される「各種モード設定」ウィンドウ（図8-35）で，「重複局（dupe）も記録する」チェック・ボックス（図8-35の囲み内）をチェックしてください．重複QSOの警告（図8-36）は表示されますが，ログへの記録が可能になります．

また，近年のDXペディションには，N1MM Thomas F Wanger さんが中心となったチームが製作・頒布しているコンテスト・ログ・ソフトウェア「N1MM Free Contest Logger[26]」（図8-37）の「DXPEDITION」モードが使われることが多くなっているようです．

※24　http://nksg.net/usbif4cw/
※25　http://www3.ocn.ne.jp/~wxl/Downlod.html，
　　　JA7WXL 宮下さんの Web サイトです．
※26　http://n1mm.hamdocs.com/

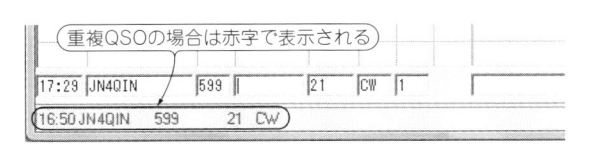

図8-31　警告が表示されるがログは記録できる

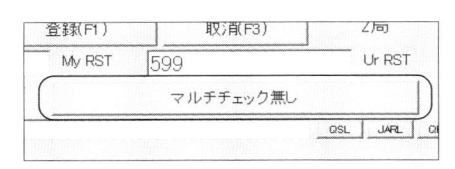

図8-33　CTESTWIN の「マルチチェック選択」ボタン

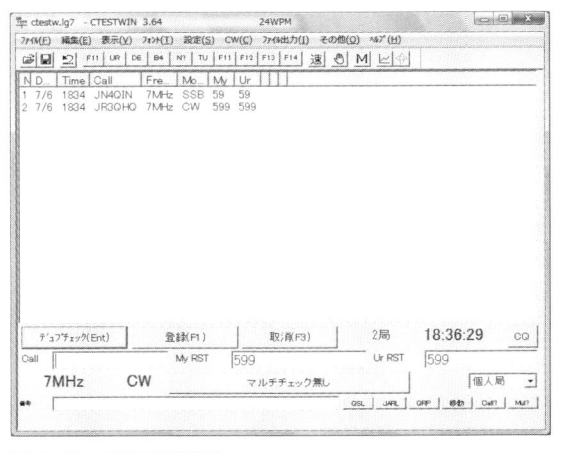

図8-32　CTESTWIN

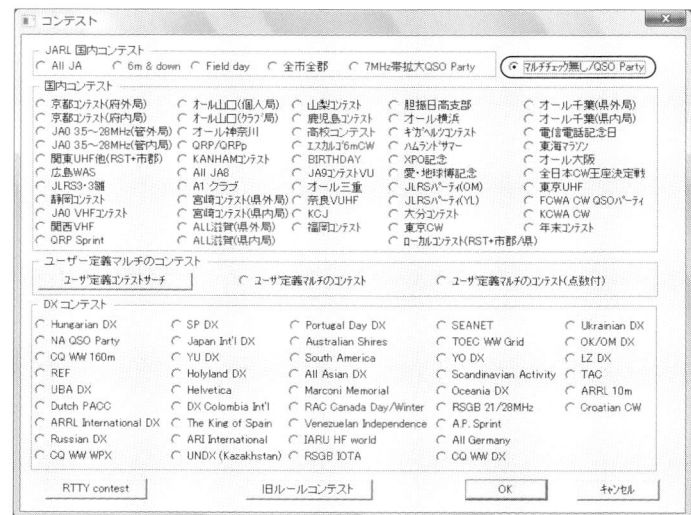

図 8-34　CTESTWIN の「コンテスト」ウィンドウ

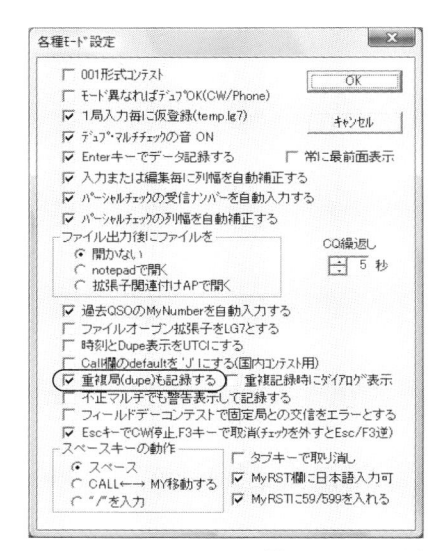

図 8-35　CTESTWIN の「各種モード設定」ウィンドウ

図 8-36　警告が表示されるがログは記録できる

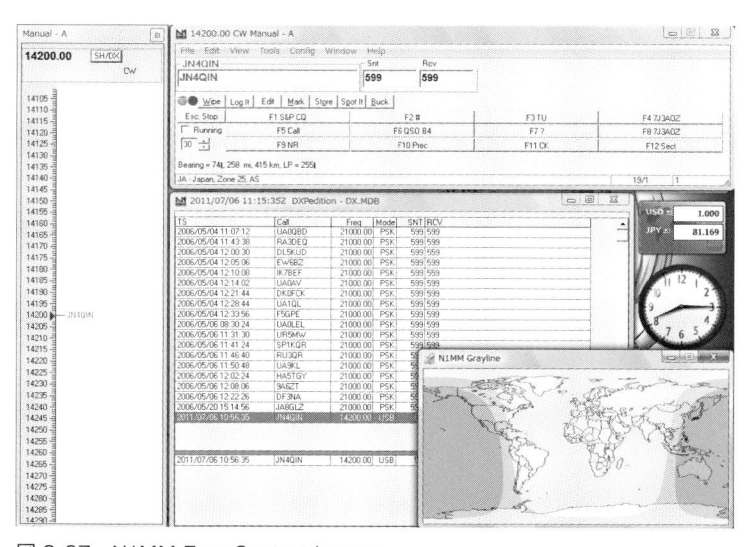

図 8-37　N1MM Free Contest Logger

Chapter 08　移動運用におけるパーソナル・コンピュータやスマートホンの活用

■ 移動運用における PC 用の電源

　移動運用におけるノート PC 用の電源確保は，かなり悩ましい問題です．発電機を使う移動運用の場合はあまり問題にならないのですが[※27]，最近は騒音の関係で発電機の利用が困難なケースが増えているようです．この場合，ノート PC のバッテリのみで使用するか，自動車での移動運用であれば，自動車のアクセサリ（シガー・ライター）ソケットから電源を取るなどが考えられます．

　最近のノート PC は，バッテリでの連続動作時間が向上しているので，数時間程度の移動運用なら十分でしょう．ほとんどのノート PC は簡単にバッテリの交換が可能なので，予備バッテリを用意して長時間の運用を行うことも可能です．また，液晶バックライトの輝度を落とす，ハードディスクの回転制御を行う，CPU のクロックダウンを自動的に行うなどの省電力機能を積極的に使うことをお勧めします．

　自動車のアクセサリ・ソケットを利用する場合は，DC/AC インバータで AC100V に変換してノート PC の電源を接続する方法がありますが，インバータの機種によってはインバータ・ノイズが短波帯での交信に大きな支障を与えることがあるので注意が必要です．また，ノート PC の機種によっては，オプションとして自動車のアクセサリ・ソケットからノート PC に直結できる純正のカーバッテリ・アダプタが，メーカーで用意されている場合もあります．カーバッテリ・アダプタは，DC/DC 変換のためカー・インバータより効率が良いと考えられるうえに，純正品なので安心です[※28]．なお，自動車から電源を取る場合は，くれぐれもバッテリ上がりを起こさないように注意してください[※29]．

※27　発電機によっては，精密機器である PC の使用はできない場合があります．
※28　汎用品の同種製品もありますが，万が一 PC が故障した場合はメーカー保障が受けられない恐れもあります．筆者は汎用品を使用したことはありません．
※29　特に，無線機の電源も自動車のバッテリから取っている場合は，消費電力が大きくなるため注意が必要です．場合によっては，自動車のバッテリ容量の増加やサブバッテリの搭載など，自動車のバッテリ上がりの防止策を施す必要があるでしょう．

■ 移動運用におけるインターネットの利用

　現代は，外出先からインターネットに常時接続する（いわゆる）ユビキタス（Ubiquitous）ネットワークが実現しつつあります．最近は，携帯電話各社から，ノート PC を携帯電話網経由でインターネットに接続するための専用端末が発売されています（**写真 8-3**）．また，無線 LAN ルータ（無線 LAN ホット・スポット）機能を持つ携帯電話やスマートホンも登場しており，これらの端末を使えば，外出先でもノート PC を無線 LAN と携帯電話網経由でインターネットに接続できます．

　移動運用は都市部ではなく見晴らしの良い山上などで行うことが多いため，運用地では携帯電話を利用できないことも多いと思います．しかし，最近は携帯電話各社がサービス・エリアの拡充を

写真 8-3　イー・モバイルの Mobile Wi-Fi ルータ

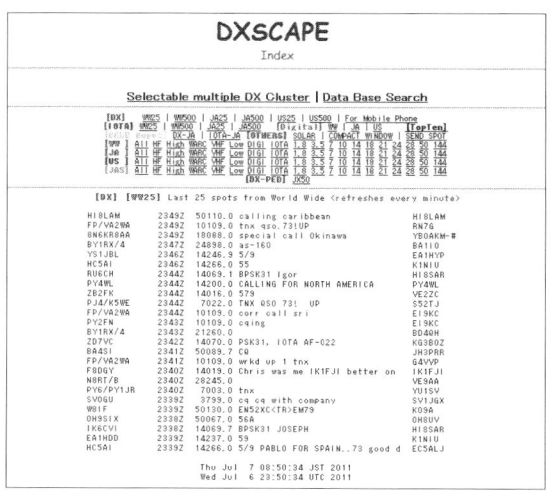

図 8-38　インターネット・クラスター「DX SCAPE」

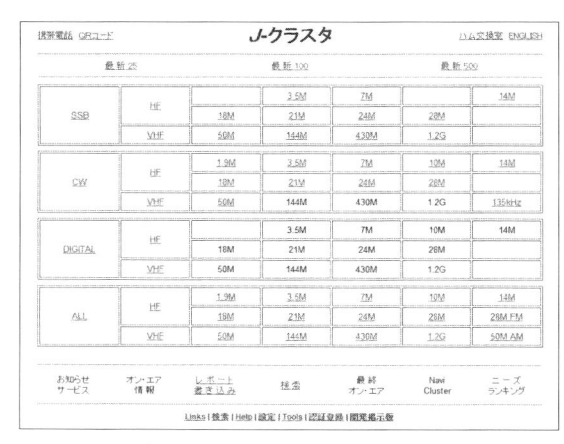

図 8-39　国内専用クラスター「J クラスタ」

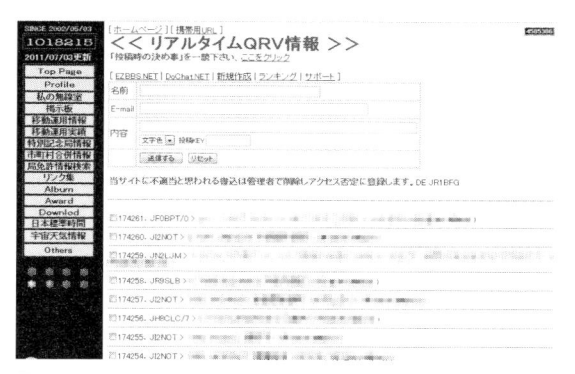

図 8-40　JR1BFG 三橋さんの「リアルタイム QRV 情報掲示板」

図 8-41　ミニブログ・サービス「Twitter」

図っているため，かなり状況が改善されつつあります．移動運用時にインターネットが利用できると，「DX SCAPE[30]」(**図 8-38**)などのインターネット DX クラスタや，国内運用専用クラスタである「J クラスタ[31]」(**図 8-39**)から情報が得られるほか，各種の運用情報掲示板(**図 8-40**)[32] やミニ Weblog サービスである「Twitter[33]」(**図 8-41**)でのリアルタイムな情報発信やコミュニケーションが可能になるなど，移動運用の楽し み方が広がります．

　ぜひ移動運用でもインターネットを活用してみてください．

[30]　http://www.dxscape.com/
[31]　http://qrv.jp/
[32]　http://www.geocities.jp/bfgyjl3284/，JR1BFG 三橋さんが公開している「リアルタイム QRV 情報掲示板」です．
[33]　http://twitter.com/

Chapter 08　移動運用におけるパーソナル・コンピュータやスマートホンの活用

8-4　移動運用における「スマートホン」の利用

　「スマートホン」とは，携帯電話に情報端末としての機能を持たせたもので，大きなタッチ・パネルで行う直感的な操作が特徴です．従来の携帯電話と違い，リッチな表示のユーザー・インタフェースを搭載し，また多彩なソウトウェアを自由にダウンロードして使用できることから，世界中で爆発的に普及しつつあります．スマートホンの代表格は，Apple 社の「iPhone」（写真 8-4）や Google 社が開発したスマートホン用 OS である「Android」を搭載した携帯電話です．

　携帯電話が利用できる場所では，スマートホンだけでインターネットへのアクセスが可能なため，PC を利用することなくインターネットから情報を得ることや，情報を発信することが可能です．紙ログとスマートホンで，手軽にインターネットを利用した移動運用を楽しむ方もおられるようです．

■「スマートホン」による情報収集

　表示能力に制約がある従来の携帯電話と違い，スマートホンはフルブラウザ（PC と同様の表示が可能な Web ブラウザ）が搭載されているので，

写真 8-4　Apple 社のスマートホン「iPhone4」

図 8-42　iPhone の Web ブラウザによる「J クラスタ」の表示

図 8-43　表示は自由に拡大・縮小できる

図 8-44　Google で「東六甲展望台」を検索した結果

移動運用で楽しむアマチュア無線

WebサイトはPCにおける表示とほぼ同様に表示されます（図8-42）．また，スマートホンはPCよりかなり液晶のサイズが小さいのですが，搭載されているWebブラウザは，画面表示の自由な縮小・拡大がサポートされていますので，視認性に問題はありません（図8-43）[※34]．

もちろん，PC上のWebブラウザで利用できるサービスのほとんどが，スマートホンでも利用できます．「iPhone」の標準Webブラウザ「Safari」を使い，Googleで「東六甲展望台」を検索した結果を図8-44に，「Grid Locator Calculator」を表示した状態を図8-45に示します．

■ アプリケーション・ソフトウェアの利用

スマートホンにはGPS（Global Positioning System（GPS），全地球測位システム）の受信機やモーション・センサ，磁気センサなどが搭載されており[※35]，それらを生かしたアプリケーションが標準で搭載されています．「iPhone」の標準アプリケーションである「コンパス」を図8-46に，GPSと連動してGoogleマップの地図を表示する「マップ」を図8-47に示します．移動運用時に，方向や現在位置を確認したいときに便利ですよね．

また，スマートホンは好みのアプリケーション・ソフトウェアを，iPhoneの場合はApple社の「App Store」，Android携帯の場合はGoogleの「Android Market」よりダウンロードしてインストールできるのも魅力の一つです[※36]．2011年5月の時点で，「App Store」には40万本，「Android Market」には30万本ものソフトウェアが登録されています．筆者が移動運用のときに便利ではないかと考えている「iPhone」用のソフトウェアを，いくつかご紹介します．

インクリメントP（株）の「MapFan for iPhone[※37]」（図8-48）は，各種の地図関連ソフトウェアで有名な同社の，iPhone用の地図表

図8-45　iPhoneでGrid Locator Calculatorを表示

図8-46　iPhoneの「コンパス」アプリケーション

図8-47　iPhoneの「マップ」アプリケーション

Chapter 08　移動運用におけるパーソナル・コンピュータやスマートホンの活用

図 8-48　MapFan for iPhone

図 8-49　標高ワカール

図 8-50　標高ワカールで東六甲展望台の標高を表示

示・ナビゲーション・ソフトウェアです．Googleマップを利用した地図ソフトウェアは，携帯電話の電波が届かない場所では使えませんが，このソフトウェアは地図データを内蔵しているためどこでも使用できます．また，iPhoneのGPSを使用した現在位置表示機能やルート案内機能[38]を搭載しています．

　米本剛士さんが製作・頒布している「標高ワカール[39]」（図 8-49）は，GPSのデータとGoogleマップの地図データを使用して，現在位置の標高を表示するソフトウェアです．また，表示されている地図を動かして，任意の位置の標高を調べることもできます（図 8-50）．移動運用地に到着後，少しでも標高が高い場所を探すときに便利です．

　Fomalhaut LLC の「AR 山 1000[40]」（図 8-51）は，山と渓谷社の「山渓カラー名鑑 日本の山1000」で紹介されているデータなどをベースに製作された山座同定ソフトウェアです．iPhoneのカメラ機能とGPS機能を利用し，カ

図 8-51　AR 山 1000

メラに写った景色から見える山の位置と高さ，距離などのデータが，仮想現実として表示されます．V/UHF帯の移動運用時に，グラウンド・ウェーブの妨げになる山を避けてアンテナを設置したり，ビーム・アンテナの方向を決めたりするときに重宝するのではないでしょうか．

　HiDE! SOFTの「JCC Search[41]」（図 8-52）は，JCC/JCGナンバーからの地名の検索や，

移動運用で楽しむアマチュア無線 | 147

地名からのJCC/JCGナンバーの検索が行えるほか，GPSで取得した自局の現在地と相手局の現在地を地図上に表示し，さらに相手局までの距離と方向を表示するソフトウェアです（**図8-53**）．

移動運用でビーム・アンテナを使っていると，聞きなれない地名の場合はビーム方向がわからなくなるときがあると思います．このソフトウェアはそんなときに役に立ちますね．

図8-52　JCC Search

図8-53　現在地と相手局までの距離と方向が表示される

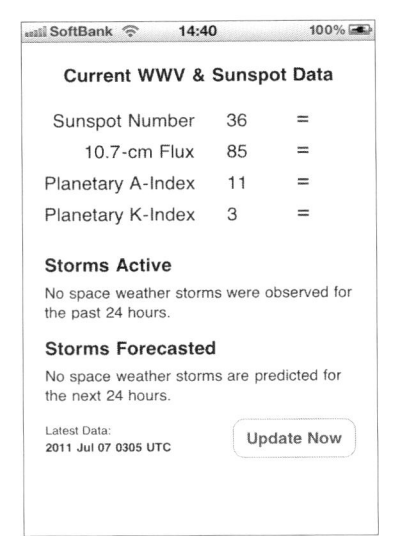

図8-54　Sunspot

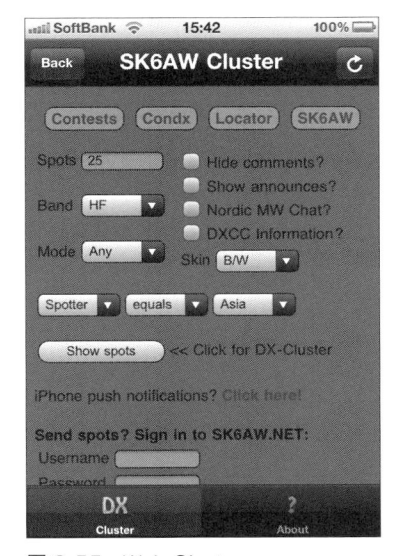

図8-55　Web Cluster

図8-56　設定した条件でDXクラスターの情報が表示される

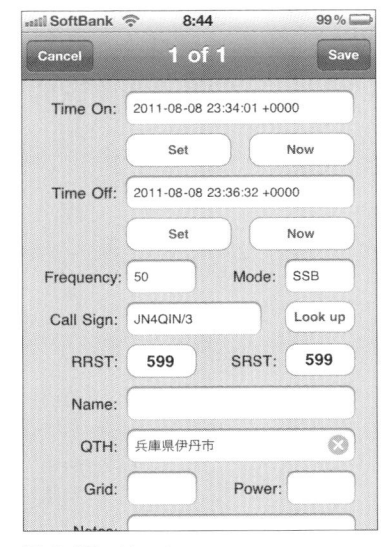

図8-57　Hamlog

Chapter 08　移動運用におけるパーソナル・コンピュータやスマートホンの活用

　AMI Mobileの「Sunspot[※42]」(図8-54)は，太陽黒点数(SSN, Sunspot Number)，太陽から放射されている10.7cm波の電波の強度(SFI, Solar Flux)，地磁気の指標である「A-Index」，「K-Index」などの太陽活動の指標データを，インターネットから取得して表示するソフトウェアです．ソフトウェアを起動して「Update Now」ボタンを押すと，インターネットからデータを取得して表示するシンプルなソフトウェアですが，特に短波帯の移動運用においてコンディションの把握に役立つと思います．

　IZ7AUH Francesco GIACOIAさんが製作・頒布している「WebCluster[※43]」(図8-55)は，Hisingens Radioklubb(SK6AW)のDXクラスター[※44]を表示するソフトウェアです．最大表示スポット数，周波数帯，モード，スポッターの地域などの情報を設定した後，「Show spot」ボタンを押すと，設定した条件に合わせてDXクラスターの情報が表示されます(図8-56)．

　N3WG Nicholas W Garnerさんが製作・頒布している「Hamlog[※45]」(図8-57)は，iPhone用の電子ログ・ソフトウェアです．ADIF(Amateur Data Interchange Format[※46])による交信データのインポートとエクスポートに対応しているほか，iPhoneのGPSデータによる現在位置グリッド・ロケーター表示，相手局と自局のグリッド・ロケータによる相手局の方向表示，UTCによる時計表示機能など，アマチュア無線の運用に便利な各種のツールが実装されています．

　ほかにも便利なスマートホン用ソフトウェアがたくさん存在します．スマートホンを入手された方は，ぜひ自分に合ったソフトウェアを探してみてください．

※34　老眼でも大丈夫ということです，hi.
※35　搭載されていないスマートホンもあります．
※36　無償のソフトウェアも有償のソフトウェアも，この仕組みを使ってダウンロード・インストールを行います．また，有償ソフトウェアの代金の支払いも，この仕組みを使って行います．
※37　http://www.mapfan.com/mobile/iphone/
※38　ルート案内機能は携帯電話に電波が届かない場所では使えません．
※39　http://yoneapp.com/
※40　http://aryama.sblo.jp/
※41　http://www.hdtkhm.sakura.ne.jp/iApp/JCCSearch/Welcome.html
※42　http://itinthecity.wordpress.com/sunspot-app/
※43　http://www.iz7auh.com/web/appleapp/
※44　http://www.sk6aw.net/
※45　http://n3wg.com/hamlog/
※46　http://www.adif.org/

8-5　PCやスマートホンの活用で楽しい移動運用を！

　この章では，アマチュア無線の移動運用におけるPCやスマートホンの活用について説明しました．

　デジタル機器を利用しない昔ながらの移動運用もシンプルで楽しいものですが，ぜひみなさんもPCやスマートホンと，インターネットを活用した移動運用に挑戦してみてください．

〈7J3AOZ　白原 浩志（しらはら ひろし）〉

Chapter 09

楽しさをさらに広げる 移動地でのいろいろなアクティビティー

9-1　QSLカードに使う写真を撮ろう

　アマチュア無線局が交信後に，お互いに交信証明として取り交わすQSLカードは，製作者によってそれぞれ個性が出たりして，見ているだけでもとても楽しいものです．QSLカードのデザインは，きれいな写真を使ったものや素敵なイラスト，必要事項だけを記した文字だけのものなど，いろいろな種類があります．

■ 移動運用のようすをデザインしたQSLカードを作ってみませんか

　交信相手から届いたQSLカードに移動地の写真がプリントされていると，移動運用の状況や景色が一目でわかり，とてもFBなものです．移動運用のたびに，そこの景色の写真や移動運用状況の写真でQSLカードを作って送ってくれる方もいます．

　また，自分が移動運用をした際にもこのようなQSLカードを作れば，しばらく時間が経過した後に見ると，懐かしい思い出がよみがえることでしょう．あなたも，移動運用のようすをデザインした特別なQSLカードを作ってみませんか？

　この項では，このようなQSLカードを製作するための写真撮影のポイントを紹介します．

■ 写真を撮るポイント

　最近はデジタル・カメラを使用する人がほとんどだと思います．デジタル・カメラを一度そろえてしまえば，その後はそれほどお金がかからないのでお勧めですね．撮影に使うカメラは，一眼レフのデジタル・カメラでもコンパクト・デジタル・カメラでも構いません．自分の好みでよいでしょう．

　撮影時の画質設定は，高めにしたほうがよいと思います．後日の編集で，画質は簡単に落とすことはできますが，上げることはできません．必要のない写真は即削除ができるので，多めに撮っておくのもポイントです．今のデジタル・カメラは，性能がすばらしいのできれいに撮れると思いますが，撮影時にピンボケにならないように，しっかりと固定するか（レントゲン撮影のときのように息を止める，hi），三脚を使用するとよいでしょう．

　また，QSLカードには後から文字を挿入するので，その部分が読みやすくなるように背景に配慮をして写すとよいでしょう．

　撮影時のポイントをまとめると，次のとおりです．
① コールサインなどの文字を入れるスペースを考慮して写す（青空などのシンプルな景色がグッド）

Chapter 09　楽しさをさらに広げる　移動地でのいろいろなアクティビティー

② いらないものが写らないように気をつける（工具箱や脚立などが一緒に写らないように注意）
③ 少しずつアングルを変えて何枚か撮っておく（いらない写真はあとで消せます）
④ 多目に写真を撮り，そのなかから良いものを選択（デジタル・カメラならではの機能）
⑤ 撮影時に，カメラに直射日光が当たらないようにするだけで少し良い写真が撮れる
⑥ デジタル・カメラは電池の残量を確認（カメラだけではないですね…，hi）
⑦ 本格的な，写真撮影のノウハウは写真専門誌をご覧ください（興味を持った方はぜひどうぞ）

■ 横長のデザインの QSL カードの例

例として，川の写真を利用して QSL カードを製作します．

- コールサインなどの文字を書きこむ予定の部分を同一色にして写真を撮影しておくと，QSL カードとして作成したものが見やすくなります
- 背景がカラフルな場合，塗りつぶしにすれば，写真は消えますが文字は見やすくなります

コールサインなどの文字を書きこみます

CHIBA JAPAN　JCC#1220
JA1FLG
Masahiro Ono
Nagareyama City, Chiba 270-0176 Japan

千葉県流山市 江戸川

写真の説明があってもよいでしょう

次の例として，集合写真を QSL カードにしてみましょう．

- 記念局の開局式の写真です．これで QSL カードを作ってみましょう．上部に少し背景があります．

背景に文字を重ねましたが，明るい色なのでこの程度ならば読めます

我孫子市市制40周年記念事業
8J1ABIKO
CHIBA-JAPAN Zone25 JCC#1222 GL:PM95, QM05

■ 縦長のデザインの QSL カードの例

次の例は移動運用状況の縦型の写真です．

CHIBA JAPAN　JCC#1208
JA1FLG／1
Masahiro Ono
千葉県野田市移動運用記念

- カードを縦にした例です．また，文字が読みやすいように背景を塗りつぶしています．移動運用なのでポータブルの表記があります．

■ カードを製作してみましょう

いかがですか？ 簡単でしょう．皆さんも，ぜひ世界に1枚しかない貴重な（？）オリジナルのQSLカードを製作してみましょう．送った人も，もらった人も，みんなが楽しくなるように！！

〈JA1FLG　小野 眞裕（おの まさひろ）〉

Column 9-1 昔のQSLカード

1967年に届いたQSLカードです．なつかしいですね～…．このころは紙質も印刷技術も今ほどではなかったので（費用もかかりました），写真を使用したQSLカードは少なかったですね．

JA1FLG

9-2 無線と一緒に楽しみませんか！ 移動先でアウトドア・クッキング

■ 運用先で温かい食事はいかが

移動運用での食事というと，お弁当や菓子パンをコンビニエンス・ストアで買っていくことが多いのでは？ お母さまや奥さまお手製のお弁当がある人は，恵まれているかもしれません．

せっかく移動運用に来たのだから，一緒にアウトドア・クッキングも楽しんでみませんか（**写真9-1**）．例えばこんなメニューはいかがでしょう．暖かいご飯やたこ焼きで楽しさもグンとアップ♪ 下ごしらえをすませておいて，現地では「煮るだけ」「焼くだけ」にします．ナイフや包丁などの刃物を使わないことがポイントです．

■ 今回のメニュー

① **ご飯**

固形燃料（カセット・コンロでもOK）を使って「飯ごう炊さん」です．お米は家で研いでから持って行きました．現地では，飯ごうにお米と水を入れて炊くだけです（**写真9-2**）．

② **豚汁**

材料は，豚肉とニンジン・ダイコン・ゴボウ・シメジ・コンニャク・豆腐を使いました．イモ類は，ジャガイモ・里芋・サツマイモなどを季節に合わせてお好みでどうぞ．それぞれを食べやすい大きさに切っておきます．水はミネラル・ウォーター，味噌はダシ入りを使うと便利です．

カセット・コンロに鍋を置き，材料を入れて煮込みます．できあがったらお椀によそい，仕上げに小口切りした万能ねぎをトッピングしました（**写真9-3**）．

Chapter 09　楽しさをさらに広げる　移動地でのいろいろなアクティビティー

写真 9-1　仲良く作業

写真 9-2　飯ごう炊さん

写真 9-3　豚汁

写真 9-4　サラダ

③ **サラダ**

　ボウルに，ゆでたマカロニ，塩もみしたキュウリ，短冊切りにしたハム，ゆでてせん切りにしたニンジンを入れてよく混ぜます．マヨネーズを少しずつ加えてできあがりです．レタスやミニトマトを添えていただきましょう．お好みでコーンを入れてもきれいですね（**写真 9-4**）．

④ **たこ焼き**

　関西ではおなじみの料理です．ぜひ，関西出身の方に腕を振るっていただきましょう．

　生地は，ボウルに卵を割り入れて水とよく溶き，たこ焼きミックスを少しずつ混ぜながら加えていきます．そこにキャベツ・桜えび・天カスなどを入れてよく混ぜました．たこ焼きプレートをしっかり温め，油を敷いてから生地を流し入れます．ほどよい大きさに切ったゆでダコを，穴にひとつひとつ入れましょう．焼けたら千枚通しでくるり，残りの半分も焼きます．きれいに形よく焼けるまでくるくる回します．こんがり焼けたらたこ焼きソースをかけ（お好みでマヨネーズも），粉カツオと青のりをふりかけてどうぞ（**写真 9-5**）．

■ **道具**

　アウトドア・クッキングのために，こんなものを準備しました．

移動運用で楽しむアマチュア無線 | 153

写真9-5　たこ焼き

写真9-6　おいしい♪

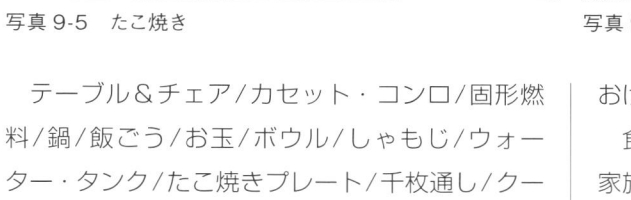

テーブル＆チェア／カセット・コンロ／固形燃料／鍋／飯ごう／お玉／ボウル／しゃもじ／ウォーター・タンク／たこ焼きプレート／千枚通し／クーラー・ボックス

マイおはしとお皿（仕切りがあるランチ・プレートがオススメ），お椀も忘れずに！

■ 無線とともに楽しい時間を

いかがでしたか．今回はいろいろな食材を使ってみました．出かける前に下ごしらえをすませておけば，現地での作業がとても楽になります．

食事の時間は，大切な気分転換のひとときです．家族やローカルさんと一緒にアウトドア・クッキング．無線とともに楽しい時間をお過ごしください（写真9-6）．

調味料は，さわやかな風の流れ，草木のにおい，そして「おいしい♪」と言ってくれるみんなの笑顔です．ぜひまたやってみたいです．

〈JI1JRE　武藤 初美（むとう はつみ）〉

Column 9-2　料理の神様　高家神社（たかべじんじゃ）

日本でただひとつ料理の神様が祀られているという，南房総・千倉町の高家神社へ行ってきました．毎年秋に奉納される「庖丁式」では，烏帽子・直垂の正装をして宮司に伴われた調理人（庖丁師）が，四条流と呼ばれる古式作法に則って調理を進めていきます．日本料理の伝統を今に伝える厳粛な儀式だそうです．

遅ればせながら「お料理上手になれますように♪」と料理祈願のお守りを買いました．もっと早く行っていれば料理の腕も上がっていたかしら…．
　　　　　　　　　　　　JI1JRE

9-3　ブルー・シートで快適なテント宿泊

アマチュア無線の移動運用では，テント宿泊での移動運用もあります．筆者は，ボーイスカウト

Chapter 09　楽しさをさらに広げる　移動地でのいろいろなアクティビティー

写真 9-7　ブルー・シートを敷く

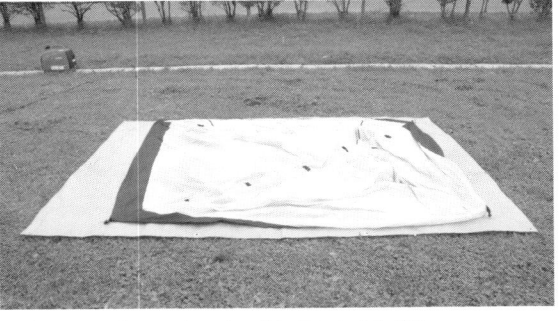

写真 9-8　ブルー・シートの上にテントを広げる

写真 9-9　ブルー・シートの上にテントを設営

写真 9-10　テントのフロアにアルミ・シートを敷く

活動やテント宿泊での移動運用において，ブルー・シートを用いて快適なテント宿泊を過ごしているので，その方法をご紹介します．
① ドーム・テントを設営する場所にブルー・シートを敷く（**写真 9-7**）
② ドーム・テントをブルー・シートの上に広げる（**写真 9-8**）
③ ドーム・テントをブルー・シートの上に設営する（**写真 9-9**）
④ テントのフロアに断熱用のアルミ・シートを敷く（**写真 9-10**）

ドーム・テントの設営ができたらテントからはみ出しているブルー・シートをテントの底（グランド・シート）にきれいに折りたたんで入れて，テントを留めるペグやピンを地面に刺して，設営完了です．

テントの底（グランド・シート）は，テントの布地の中でも厚く防水もしっかりしていますが，それでも地面からの湿気や冷たい感触が伝わってきます．大雨に遭遇したときなど浸水の心配が出てきます．

そこでテントの底（グランド・シート）の下にテントの大きさに合せたブルー・シートを敷いて，地面からの湿気や浸水を防ぎ，冷たい感触を軽減します．さらに断熱用のアルミ・シートを敷けば，2 ランクアップの快適なテント宿泊を送れます．

ぜひ皆さんも快適なテント宿泊で，移動運用を楽しんでください．

〈JA1YSS 日本ボーイスカウトアマチュア無線クラブ　7N1SFT　岩井 壯夫（いわい たけお）〉

Chapter 10

イザというときのために！アウトドアの救急法

10-1　イザというときのために

　自然豊かな大空の下で楽しむアマチュア無線の移動運用は，楽しく気持ちが良いものです．しかしそのとき，友人や家族，目の前にいる人が，突然のケガや病気で救急車を呼ぶ必要がある場面に遭遇するかもしれません．筆者も何度かその場面に遭遇し，応急手当で人を救護した経験があります．

　ここでは，腕の骨折，足首の捻挫，腕の止血，熱中症の応急手当と心肺蘇生法を紹介します．しっかり理解して，イザというときに備えましょう．

10-2　腕の骨折

　骨折は，損傷部位の痛み（激痛），腫れ，変形などがあり，骨が見えることやショック症状を伴うこともあります．このように骨折の疑いがあるときは，骨折の応急手当を行います．

　三角巾，タオル，副子（添え木）を用意します．なお，副子（添え木）がない場合は，添え木にな

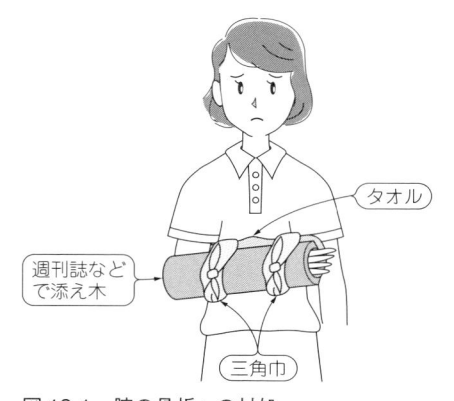

図 10-1　腕の骨折への対処 　　　図 10-2　三角巾を用意 　　　図 10-3　指先が見えるように腕をつる

156　移動運用で楽しむアマチュア無線

Chapter 10　イザというときのために！　アウトドアの救急法

る雑誌や新聞紙などを用います。
　図10-1のとおり添え木（新聞紙）と上腕の間にタオルを入れて，添え木（新聞紙）を骨折の疑いのある上腕の手の甲側に当て，三角巾を末梢の血行を悪くしない程度にしばり固定します。
　図10-2，図10-3のとおりに三角巾で，上腕を指先が見えるようにつります。

10-3　足首の捻挫

　足首の捻挫は，足首をひねったりして靭帯を痛め，損傷部位に強い痛みや腫れなどが見られ，歩くことが困難になります。このように捻挫の疑いがあるときは，足首の捻挫の応急手当を行います。
　三角巾を用意します。図10-4に示すとおり，八つ折りの三角巾の中央を足の裏（土ふまず）に当て，足首の上のアキレス腱のところで三角巾を交差させます。
　図10-5に示すとおり，三角巾を前に回して交差させて，その両端をくるぶしのあたりの三角巾の内側を通し，外側に斜め上に強く引き上げます。
　図10-6に示すとおり，引き上げた三角巾の両端を前に回して，本結びで結び，足首をしっかり締めて固定します。なお，この方法で登山靴など靴の上からも足首を固定できます。

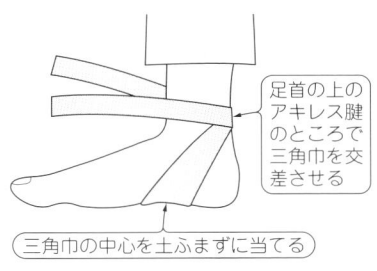

図10-4　八折りの三角巾を土踏まずからアキレス腱の位置で交差させて前に出す

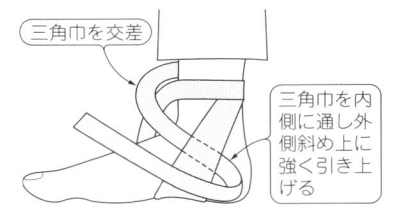

図10-5　くるぶしの辺りで下にくぐらせて強く引き上げる

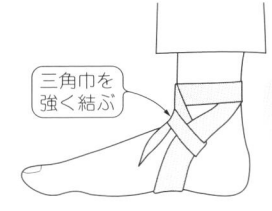

図10-6　しっかり結んで固定する

10-4　腕の止血

　ナイフの使用を誤って，腕などを切ったり刺してしまったりという事故で，大出血を伴う場合もあります。このときの傷病者は，顔面蒼白，冷や汗，ぼんやりした表情で，ショック症状を伴って，生命が危険な状態になっています。この場合は，一刻も早く患部を直接圧迫して，止血する必要があります。
　清潔なガーゼやタオル，ゴム手袋またはビニル

袋を用意します．傷病者の血液に触れないようにゴム手袋またはビニル袋を手に必ず装着します．

図 10-7 に示すように傷病者の血液が，皮膚に付かないように注意しながら出血部位をガーゼかタオルを十分に覆うように当て，片手で強く圧迫します．片手で止血ができない場合は，両手で圧迫します．出血が続く場合は，さらにガーゼやタオルを重ねて圧迫します．

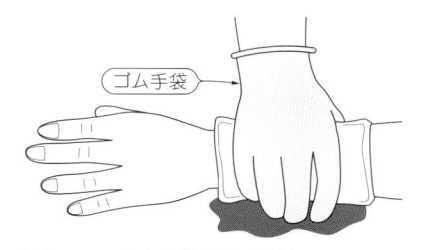

図 10-7　出血部位を強く圧迫

10-5　熱中症への予防と対処

熱中症は，炎天下や高温多湿の下で，体温調節機能（発汗・循環など）が異常をきたし，体内の水分・塩分などのバランスが崩れ，気分が悪くなる，頭痛，めまい，嘔吐，けいれんなどの症状が出現し，最悪の場合は，意識障害を経て「死に至る病」です．夏場の移動運用では特に要注意です．

熱中症を予防するには，睡眠不足・過労・風邪などの体調不良を避けて体調を整え，風通しのよい服装（つばの広い帽子・風通しのよいシャツやズボン・直射日光に当らないようにタオルなどで首の保護など）や気温に注意し，こまめに水分や塩分の補給（スポーツ・ドリンクがよい）を心がけてください．

熱中症の応急手当は，「いかに早く体温を下げるか」がポイントです．傷病者を冷房の効いた車内や屋内，風通しのよい日陰の場所に移動して，衣服を緩めます．

図 10-8 に示すように水に濡らしたタオルで，傷病者の首，腋の下，大腿部（股）の付け根に当てるとともにうちわで扇いで風を当て，傷病者の体温を下げます．

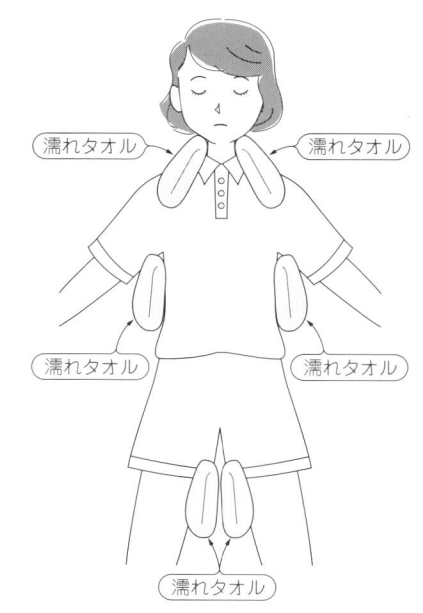

図 10-8　濡れタオルを当てるポイント

意識がしっかりしている場合は，上記の処置と十分に水分・塩分の補給をして回復に努めて，病院で受診します．

意識障害がある場合は救急車を呼び，上記の応急処置と気道確保（呼吸停止時は心肺蘇生法）の救命処置を行い，病院へ搬送します．

Chapter 10　イザというときのために！　アウトドアの救急法

10-6　心肺蘇生法（2010年新ガイドラインに基づく）

　突然友人や家族，目の前にいる人が，ケガや病気で意識を失って倒れて，呼吸が停止している場合は，すぐに救命処置をする必要があります.

　図10-9に示す4項目は救命の連鎖（チェーン・オブ・サバイバル）と呼ばれ，これが一つでも途切れると救命につながらないと言われています.

① 安全の確認…最初に周囲を見て，自分の安全を確認，確保する（前後左右，頭上，足元）.

② 意識の確認…**写真10-1**で示すように左手を額に置き，「大丈夫ですか」ともう一方の右手で軽く肩をたたいて，傷病者の反応を見る.

③ 通報の依頼…協力者を求めて（助けを呼ぶ），119番通報とAED搬送の依頼をする．誰もいない場合は119番通報を先にする.

④ 呼吸の確認…**写真10-2**のように，左手を額に置き頭部を支えて，右手の2本指で顎を持ち上げ，頭を反らして気道を確保します．自分の頬を傷病者に近づけて10秒間，普段どおりの呼吸の有無を確認します（目で胸・腹部を見て，耳で呼吸音を聴いて，頬で息を感じます）.

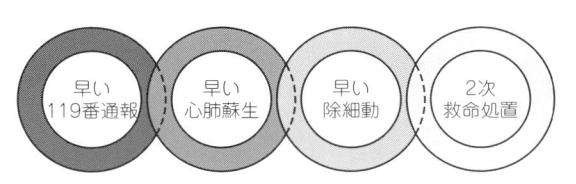

図10-9　救命の連鎖（チェーン・オブ・サバイバル）

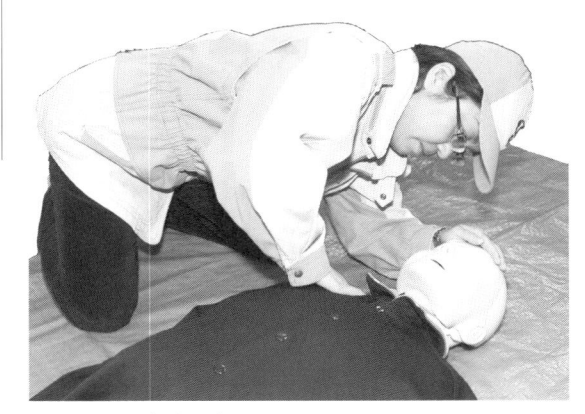

写真10-1　意識の確認

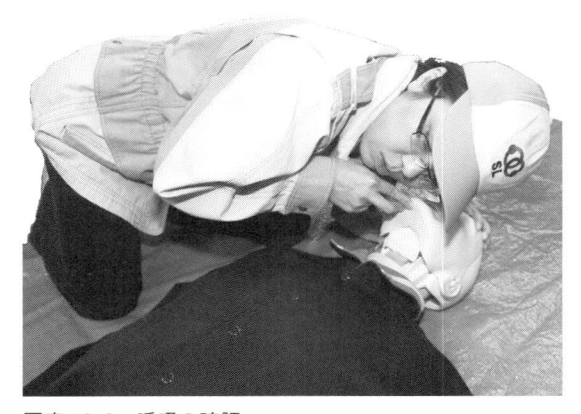

写真10-2　呼吸の確認

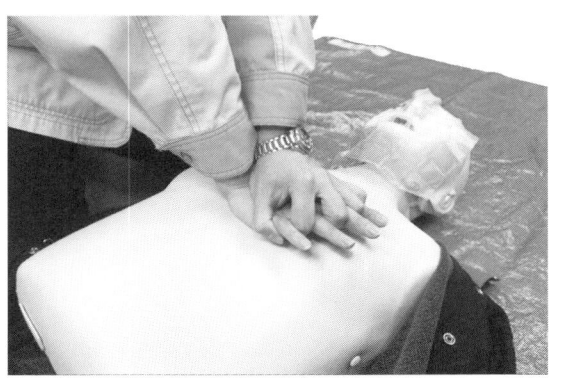

写真10-3　胸骨圧迫（心臓マッサージ）

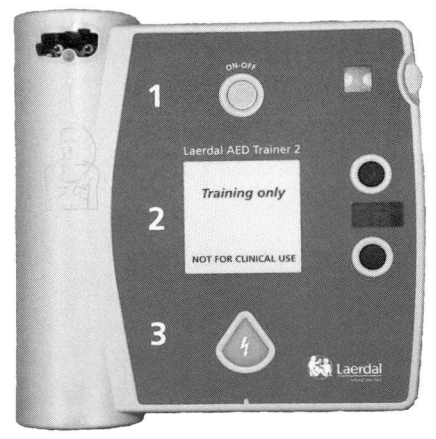

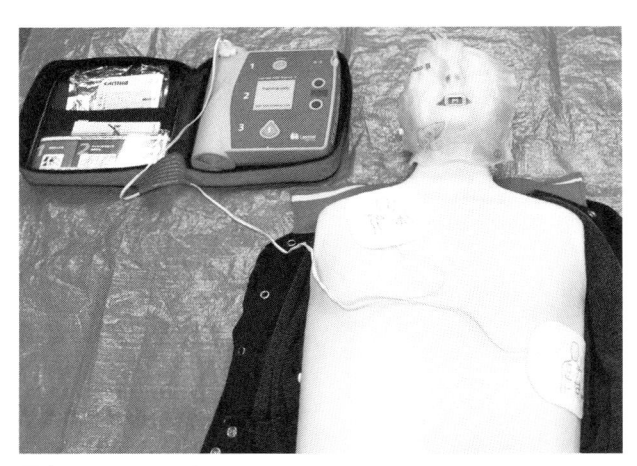

写真 10-4　AED　　　　　　　　　　　　　　写真 10-5　AED をセット

⑤ 胸骨圧迫…普段どおりの呼吸がなければ**写真10-3**のように胸の真ん中を強く（胸が 5cm くらい，小児や乳児は 1/3 に凹むくらい），速く（1分間に 100 回の速さで），絶え間なく（できるだけ続ける），胸骨圧迫（心臓マッサージ）を行う．
※新ガイドラインでは，人工呼吸は「不慣れな人はしない」になった．

⑥ AED の使用…最初に AED（**写真 10-4**）の電源を入れる．AED の音声ガイダンスに従って，**写真 10-5** のようにパッドを胸に貼る．周囲の人々と自分が傷病者の体と衣服に触れないように離れて，AED の指示に従って，通電ボタンを押す．その後は，AED の音声ガイダンスに従って，胸骨圧迫（心臓マッサージ）などの救命処置を救急車の救急隊員に引き継ぐまで継続する．

救命処置（心肺蘇生・AED）の訓練は，日本赤十字社の救急法（基礎）講習会や消防署の普通救命講習会で行っています．ぜひあなたも救急法・救命講習会に参加して，万が一のときに備えましょう．

Column 10-1　**過信は絶対ダメ！**
調子が悪いなぁと思ったら勇気を持って中止する

　ある冬の朝，移動運用に出かけました．出かける前に少し体調が悪いと感じたのですが，まぁ大丈夫だろうと出発．現地では屋外で作業を行いながら，数時間の移動運用を行いました．

　ところが，気温が氷点下近い山の上のこと，みるみるうちに体調が悪化．早めに切り上げて，なんとか撤収を終わらせたものの，車の運転どころではなくなっていました．

　車の中でヒーターをかけながら休息を取り，少し良くなったところで家路に着きました．しかし，しばらくするとまた気分が悪くなり，路肩のスペースに駐車して休憩．そんなことを繰り返しながら，無事に家に着きましたが，普段は 30 分足らずの道のりに 3 時間以上もかかっていました．

　あとで思えば，体調が悪いと感じたときに移動運用を中止するべきでした．特に冬場は，あっという間に体調が悪くなってしまいます．勇気を持って中止することも，時には必要なことだと痛感しました．

〈CQ ham radio 編集部〉

Chapter 10　イザというときのために！　アウトドアの救急法

10-7　救急箱の準備を

　移動運用では，無線機材はしっかりとそろえていても，救急箱は用意していないという方が多いと思います．アマチュア無線の装備と同様に，救急箱に応急手当用品（**写真10-6**，**表10-1**）を入れて，万が一の場合に備えておくことが重要です．救急箱の中には，このページのコピーを入れておいてもいいかもしれません．

　いざというときの備えをしっかりしておいて，安心・安全な移動運用をお楽しみください．

〈東京消防庁応急手当普及員
　　　　7N1SFT　岩井 壯夫（いわい たけお）〉
　　協力　災害救援ボランティア推進委員会
　　　　東京消防庁応急手当普及員　天寺 純香

写真10-6　応急手当用品の内容

表10-1　応急手当用品一覧

絆創膏	刺抜き	湿布薬
包帯	ピンセット	救急箱
滅菌ガーゼ	体温計	タオル
三角巾	アルミ・シート	懐中電灯（LEDライトなど）
ゴム手袋	切り傷，刺し傷用消毒薬	うちわまたは扇子
はさみ	常備薬（風邪薬，胃腸薬など）	スポーツ・ドリンク

Index

■ 数字・アルファベット■

1日周期での変化	41
1年周期の変化	41
11年周期の変化	41
250型コネクター	103
AED	160
A-Index	149
Android	145
AR山1000	147
CalcGL	133
CTESTWIN	141
DX SCAPE	144
D層	40
Eスポ	42
E層	40
F1層	40
F2層	40
Find your QTH locator (or your grid square) with GoogleMaps	134
F層	40
Geocoding.jp	133
Google Map 標高 (by Google API)	135
Google マップ	133
GPS	146
Grid Locator Calculator	134
Hamlog	149
iPhone	145
JCC Search	147
Jクラスタ	144
K-Index	149
LEDランタン	128
L型GP	78
MapFan for iPhone	146
MMLOG	138
MMSSTV	38
MP-1	56
MS-DOS	138
N1MM Free Contest Logger	141
NHK第1放送	109
PDCA	112
QSLカード	150
Safari	146
SFI	149
SSTV	37
Sunspot	149
Turbo HAMLOG	138
Turbo HAMLOG for Windows	133, 139
Twitter	144
USBIF4CW	140
WebCluster	149
zLog	138
zLog for Windows	140

■ ア 行 ■

アウトドア・クッキング	152
足首の捻挫	157
アルカリ乾電池	96
アワード	123
アンテナ・アナライザ	28, 59, 128
アンテナ・マスト	80
異径ジョイント	92
移動運用中の看板	111
美ヶ原高原道路	23
腕の骨折	156
腕の止血	157
塩ビ・パイプ	90
応急手当	156
オート・アンテナ・チューナ	36, 50, 54, 74, 118
お手軽移動運用	49
お化けポール	80

■ カ 行 ■

カウンターポイズ	36, 47, 54, 58, 75
カシミール3D	12, 135
紙ログ	107
乾電池	96
関東ふれあいの道	24
関八州見晴台	24
キッチン・ガード	65, 71
ギボシ・ダイポール	29, 60
ギボシ端子	103
逆Vダイポール	62, 71, 72
救急箱	161
救急法	156
キョリ測β	13
グラウンド・ウェーブ	40
グラウンド・プレーン	53
グリッド・ロケーター	18, 129, 133
グリッド・ロケーター95	133
検索エンジン	130
高性能アルカリ電池	97
コード・スライダー	86, 95
コンテスト・ログ・ソフトウェア	138, 140
コンパス	146

■ サ 行 ■

三角巾	156

シールド・バッテリ……………………………………… 98
シガー・ソケット……………………………… 10, 99, 100
磁気嵐……………………………………………………… 43
自在結び…………………………………………………… 94
写真撮影のポイント…………………………………… 150
純正アンテナ……………………………………………… 67
ショートタイプ・アンテナ…………………………… 67
心肺蘇生法……………………………………………… 159
スキャッター……………………………………………… 42
スクリュー・ドライバー・アンテナ…… 29, 49, 56
ステー・ロープ…………………………………………… 87
スポラディックE層……………………………………… 42
スマートホン…………………………………… 69, 130, 145
接地系アンテナ…………………………………………… 54

■ タ 行 ■

ダイポール・アンテナ…………………………………… 52
タイヤ・ベース…………………… 49, 61, 66, 81, 82
対流圏波…………………………………………………… 41
たくさんとくさん………………………………………… 14
段ボール・テーブル…………………………………… 121
地上波……………………………………………………… 40
超簡単室内テーブル…………………………………… 121
ツェップ型アンテナ……………………………………… 50
筑波山……………………………………………………… 22
釣り竿アンテナ………………………………… 34, 50, 54
釣り竿ホイップ…………………………………………… 68
デュアル・エレメント・バーチカル………………… 35
デリンジャー現象………………………………………… 43
電源コネクタ…………………………………………… 103
電子ログ・ソフトウェア……………………………… 139
電信送出機能…………………………………………… 139
テント宿泊……………………………………………… 154
電波伝搬…………………………………………………… 40
電離層……………………………………………………… 40
堂平山……………………………………………………… 24
ドーム・テント………………………………………… 155
止め結び…………………………………………………… 93

■ ナ 行 ■

内蔵バッテリ……………………………………………… 96
鉛バッテリ…………………………………………… 25, 98
ニッケル水素充電池……………………………………… 97
熱中症…………………………………………………… 158
ノイズ・フィルタ……………………………………… 105
ノンラジアル・ホイップ………………………………… 64

■ ハ 行 ■

バーチカル………………………………………………… 54
発電機……………………………………… 99, 126, 143
ハムログの環境設定…………………………………… 106
ハムログのコメント欄を印刷………………………… 107
ハンディ機………………………………… 22, 30, 66, 114
引き出し同軸ケーブル………………………………… 113
ひとえつぎ………………………………………………… 93
ヒューズ・ボックス…………………………………… 101
標高ワカール…………………………………………… 147
平型端子………………………………………………… 103
平型ヒューズ電源……………………………………… 101
フェライト・コア………………………………………… 76
フジインダストリー…………………………… 82, 85, 89
ふた結び…………………………………………………… 94
フット・スイッチ……………………………………… 127
分割コア…………………………………………… 76, 105
分割同軸ケーブル……………………………………… 113
ペグ………………………………………………………… 86
ヘッドセット…………………………………………… 127
変換ケーブル…………………………………………… 114
変換コネクタ…………………………………………… 114
ヘンテナ…………………………………………………… 31
ポケナビ…………………………………………………… 18
本結び……………………………………………………… 93

■ マ 行 ■

巻き結び…………………………………………………… 94
マグネットアース・シート……… 10, 64, 71, 109, 115
マグネット基台…………………………………………… 64
マスト・アダプタ………………………………………… 89
マップ…………………………………………………… 146
マンガン乾電池…………………………………………… 97
みかも山公園……………………………………………… 23
道の駅移動………………………………………………… 50
ミドルタイプ・アンテナ………………………………… 67
無線LANルータ………………………………………… 143
メモリー効果……………………………………………… 97
モービル運用……………………………………………… 48
モービル・ホイップ………………………………… 54, 64
持ち物リスト……………………………………………… 21
もやい結び………………………………………………… 94

■ ヤ行・ラ行・ワ行 ■

八木アンテナ……………………………………………… 52
ラジオ・ダクト…………………………………………… 41
リアルタイムQRV情報掲示板………………………… 144
リチウム乾電池…………………………………………… 97
離島運用…………………………………………………… 32
ループ系アンテナ………………………………………… 53
ルーフ・ボックス……………………………………… 119
ローカル・コンテスト…………………………………… 14
ロープ結び………………………………………………… 93
ロッドタイプ・アンテナ………………………………… 67
ロングタイプ・アンテナ………………………………… 67
ワイヤ・ダイポール……………………………………… 52

- ●**本書記載の社名，製品名について** ── 本書に記載されている社名および製品名は，一般に開発メーカの登録商標です．なお，本文中では™，®，©の各表示を明記していません．
- ●**本書掲載記事の利用についてのご注意** ── 本書掲載記事は著作権法により保護され，また産業財産権が確立されている場合があります．したがって，記事として掲載された技術情報をもとに製品化をするには，著作権者および産業財産権者の許可が必要です．また，掲載された技術情報を利用することにより発生した損害などに関して，CQ出版社および著作権者ならびに産業財産権者は責任を負いかねますのでご了承ください．
- ●**本書に関するご質問について** ── 文章，数式などの記述上の不明点についてのご質問は，必ず往復はがきか返信用封筒を同封した封書でお願いいたします．ご質問は著者に回送し直接回答していただきますので，多少時間がかかります．また，本書の記載範囲を越えるご質問には応じられませんので，ご了承ください．
- ●**本書の複製等について** ── 本書のコピー，スキャン，デジタル化等の無断複製は著作権法上での例外を除き禁じられています．本書を代行業者等の第三者に依頼してスキャンやデジタル化することは，たとえ個人や家庭内の利用でも認められておりません．

|R|〈日本複写権センター委託出版物〉
本書の全部または一部を無断で複写複製（コピー）することは，著作権法上での例外を除き，禁じられています．
本書からの複製を希望される場合は，日本複写権センター（TEL：03-3401-2382）にご連絡ください．

移動運用で楽しむアマチュア無線

2011年9月15日　初版発行

© CQ出版株式会社　2011
（無断転載を禁じます）

CQ ham radio編集部　編

発行人　小　澤　拓　治
発行所　CQ出版株式会社
〒170-8461　東京都豊島区巣鴨1-14-2
☎03-5395-2149（出版部）

乱丁，落丁本はお取り替えします
定価はカバーに表示してあります

☎03-5395-2141（販売部）
振替　00100-7-10665

ISBN978-4-7898-1592-5
Printed in Japan

編集担当者　沖田　康紀
本文デザイン　（株）コイグラフィー
DTP　（有）新生社
印刷・製本　三晃印刷（株）